ANTON ARLAND

„FIEBERNDE“ PFLANZEN — MEHR BROT?

„FIEBERNDE“ PFLANZEN-
MEHR BROT?

AUF NEUEN WEGEN

ZUR STEIGERUNG DER KULTURPFLANZENERTRÄGE

VON

PROF. DR. PHIL. ANTON ARLAND

Institut für Acker- und Pflanzenbau

der Universität Leipzig

1953

AKADEMIE-VERLAG · BERLIN

Erstmalig erschienen in den Abhandlungen der Sächsischen Akademie der Wissenschaften zu Leipzig — Mathematisch-naturwissenschaftliche Klasse — mit dem Titel:
„Die Transpirationsintensität der Pflanzen als Grundlage bei der Ermittlung optimaler acker- und pflanzenbaulicher Kulturmaßnahmen“

Erschienen im Akademie-Verlag GmbH., Berlin NW 7, Schiffbauerdamm 19
Lizenz-Nr. 202 · 100/21/53
Satz und Druck: Druckhaus „Maxim Gorki“, Altenburg
Bestell- und Verlagsnummer: 5119
Printed in Germany

VORWORT

Wir wissen, daß wir ohne Pflanzen nicht bestehen können. Sie bescheren uns direkt oder indirekt alles, wessen wir zum Leben bedürfen: Nahrungsmittel, Heilmittel, Genußmittel und Rohmaterial für Kleidung und Behausung. Es ist daher verständlich, wenn sich der Mensch immer wieder von neuem bemüht, die Pflanzen zu studieren und sie in ihren Lebensäußerungen verstehen zu lernen. Je mehr man sich ihnen widmet, um so mehr erkennt man, daß es sich bei diesen Lebewesen um Organismen handelt, die äußerst zweckmäßig gebaut und eingerichtet sind. Im Rahmen von langjährigen, auf breiter Basis von uns durchgeführten Untersuchungen konnte aber auch festgestellt werden, daß die Pflanzen bei unsachgemäßen Kulturmaßnahmen in ihrem Stoffwechsel in Unordnung geraten. Trotzdem sind diese Lebewesen in vielen Fällen normal grün. Ertragshöhe und Ertragssicherheit sind jedoch gering. Der zunächst recht naheliegend erscheinende Weg der chemischen Analyse von Boden und Pflanze führte nicht zum Ziele. Wir entschlossen uns daher, dazu überzugehen, die *Stoffwechselvorgänge* unter günstigen und ungünstigen Produktionsbedingungen und bei Verwendung von Böden der verschiedensten Art einem eingehenden Studium zu unterziehen. Hierbei ergab sich, daß es ein ganz bestimmter Vorgang verdient, in den Mittelpunkt der Betrachtungen gestellt zu werden: die *Transpiration*. Man versteht darunter die von lebenden Geweben unverletzter Pflanzenteile bewirkte Abgabe von Wasser in Dampfform.

Als nach Vorliegen eines neuen, von uns erarbeiteten, einfachen und mühelos anzuwendenden Verfahrens der Transpirationsbestimmung *Pflanzen von Feldbeständen in großen Serien* auf ihr Verhalten untersucht wurden, zeigte es sich, daß das Ausmaß der Wasserströme, die dem Boden durch diese Lebewesen entzogen werden, keineswegs „naturnotwendig" ist. Die Ermittlungen ergaben, daß viele Pflanzenbestände zu ihrem Nachteile weit mehr Wasser in Dampfform abgeben und somit verbrauchen, als nötig ist. Nicht selten konnte festgestellt werden, daß die Transpirationsintensität eine Höhe erreicht, die das normale Maß um 100% und mehr übersteigt. Man könnte, bildlich gesprochen, an *Fieberzustände* und dadurch bedingtes starkes Schwitzen denken. Unwillkürlich erinnert man sich des Vergleiches, den Julius SACHS aufstellte, als er die Geschwindigkeit der Transpiration in Beziehung brachte zur Geschwindigkeit und Kraft des Pulses. Daß unter übermäßiger Transpiration leidende Pflanzen sich schnell erschöpfen und im Ertrage versagen, ist leicht einzusehen. Sie müssen versagen, weil starke Transpiration mit hohen Energieverlusten verbunden ist.

Aufgabe des vorliegenden Werkes soll es sein, die Zusammenhänge im einzelnen aufzuzeigen. Es wird geschildert, wie man leicht und mühelos das Ausmaß des Wasserdampfes feststellen kann, den die Pflanzen an die Atmosphäre abgeben. Vor allem aber ist es Zweck des Werkes, darzutun, welche Wege zu beschreiten sind, um die *Kulturmaßnahmen* zu ermitteln, die zu Pflanzen führen, die in ihren Stoffwechselvorgängen innere Ordnung und höchstmögliche Vitalität aufweisen. Nur solche Pflanzen sind in der Lage, Mensch und Tier bei möglichst geringem Aufwand an Produktionsmitteln und möglichst geringem Verbrauch an Wasser hochwertige und reichliche Nahrung, kurz gesagt, „*mehr Brot*" zu bieten.

Institut für Acker- und Pflanzenbau
der Universität Leipzig

ARLAND

Im April 1953

MOTTO:

„Ὕδωρ πάντα!"

(„Wasser ist alles!")

Pindar

Es ist bekannt, daß im menschlichen und tierischen Organismus Ströme vorhanden sind, die, solange das Leben dauert, pulsieren und kreisen. Auch die Pflanzen werden von Strömen durchflutet, ohne die ihr Leben stillstehen müßte. Es gibt im pflanzlichen Organismus kaum eine Erscheinung, die nicht irgendwie mit einer Stoffströmung oder einem Stoffaustausch verbunden ist. Der sogenannte *Assimilationsstrom* leitet vor allem organische Stoffe von den Stätten der synthetischen Erzeugung — den chlorophyllführenden Pflanzenzellen — zu den Orten des Verbrauches und der Speicherung. Er bedient sich hierbei hauptsächlich der Siebröhren. Ein anderer Strom führt Wasser mit Mineralstoffen aus dem Erdreich in die Pflanzen, in denen er in den Gefäßen und Tracheiden geleitet wird. Er verläßt die Pflanzen schließlich nach Zurücklegung eines kurzen, durch lebende Zellen führenden Weges in Dampfform bei dem Vorgange der Transpiration. Man nennt ihn deshalb *Transpirationsstrom.*

Wir verlegten uns vor nunmehr 25 Jahren auf das *Studium der Ströme in den Pflanzen.* Je eingehender wir uns hiermit befaßten, um so mehr erkannten wir, daß ihre Erforschung eine der wichtigsten Aufgaben der Pflanzenphysiologie darstellt und daß vor allem die Kenntnis der *Besonderheiten des Transpirationsstromes* von großer praktischer Bedeutung ist.

Landwirtschaft und Gartenbau sind in überragender Weise vom *Wasser* abhängig. Eine Stabilisierung oder Steigerung der Erträge ist nur dann erreichbar, wenn der Wachstumsfaktor Wasser in ausreichendem Maße zur Verfügung steht. Es kommt daher darauf an, das vorhandene Wasser so weit wie möglich dem Lande zu erhalten und ihm außerdem weitere Mengen zuzuführen. Ich verweise in diesem Zusammenhange auf die große Bedeutung der Waldungen im Hinblick auf die Niederschlagshöhe, auf die Wichtigkeit der Aufforstung besonders der unproduktiven Flächen, auf die Beibehaltung oder Anlage eines Systems von Baum- oder Heckenstreifen als Windschutz unter besonderer Berücksichtigung der fruchttragenden Heckensträucher, auf die Verhinderung des zu raschen Wasserablaufes durch geglättete Flußbetten und auf die Speicherung von Wasser in Talsperren. Flußläufe würden umzuleiten oder Kanäle zu bauen sein, um das Wasser dort verfügbar zu haben, wo es benötigt wird. Nicht minder wichtig ist auch das Bemühen, dem Niederschlagswasser durch entsprechende Maßnahmen der Bodenbearbeitung den Weg in die tieferen Bodenschichten zu erschließen und dadurch dessen oberirdischen Abfluß so weit wie möglich zu hemmen. Erwähnt sei auch, daß sich sowohl ein Zuwenig als auch ein Zuviel an Wasser nachteilig auswirkt. Ein Boden, der außer Bodenmasse und Wasser nicht die entsprechenden Mengen Luft aufweist, ist am Ertrag behindert. Er wird in vielen Fällen Kulturpflanzen kaum erstehen lassen.

Eine geregelte Wirtschaftsführung setzt aber voraus, nicht allein die Einnahmenseite des Rohstoffes Wasser, sondern auch seine *Ausgabenseite* zu berücksichtigen. Fest stand, daß unsere Kulturpflanzen gewaltige Mengen Wasser verbrauchen. Es war ermittelt worden, daß die Erzeugung von 1 kg Pflanzentrockensubstanz je nach Art und Umwelt etwa 500—1000 und mehr Liter Wasser erfordern kann. Leider sind bisher aus diesen hohen Verbrauchszahlen nicht die entsprechenden Schlußfolgerungen für die Praxis gezogen worden. Man glaubte und glaubt noch heute, genug getan zu haben, wenn man nichts unversucht läßt, um das im Boden befindliche Wasser an der Verdunstung zu hindern. Man bemüht sich mit Recht, insbesondere vor dem Anbau und zu Beginn des Wachstums durch geeignete Maßnahmen der Bearbeitung dafür Sorge zu tragen, daß die Bodenoberfläche lockerkrümelig gehalten wird. Die so geschaffene, wenige Zentimeter mächtige, lockere Bodendecke soll der Erhaltung des in den tieferen Schichten befindlichen Wassers dienen. So wichtig es auch aus anderen Gründen ist, wenn diese Maßnahmen durchgeführt werden und die Bildung wasservergeudender Krusten unterbleibt, so ist es doch von entscheidendster Bedeutung, daß die Pflanze und ihre die Bodenfeuchtigkeit hauptsächlich in Anspruch nehmende Wasserabgabe der oberirdischen Organe, die *Transpiration*, in das Blickfeld der Betrachtungen gerückt wird. Oft sieht man die Intensität des in die Atmosphäre ausmündenden Stromes als naturgegeben an. Nicht selten besteht sogar die Meinung, daß seine Intensität nicht verringert werden dürfe, weil sonst die erforderlichen Mengen an Nährsalzen nicht in die oberirdischen Teile der Pflanze befördert würden. Auch könnten dann besonders die Blätter nicht die nötige Kühlung erfahren. Wie Dr. H. PETER, Leipzig-Möckern, in Kürze eingehend schildern wird, vergißt man dabei, daß die Pflanze bei starker Transpiration eine gewaltige Einbuße an Energie erleidet. Nach MAXIMOW (38) werden derzeit für die Photosynthese gewöhnlich nur 1—5% der gesamten vom Blatt aufgenommenen Sonnenenergie ausgenutzt. Mehr als 80% kommen für die Verdampfung von Wasser zum Verbrauch. Gelänge es, die Intensität des Transpirationsstromes einer Kontrolle zu unterwerfen, wäre es möglich, ihn in seinen Ausmaßen zu regulieren, dann würden ökonomische Ausnutzung der Wasservorräte und Energiespeicherung gewährleistet sein. Der Mensch käme in die Lage, einen lenkenden Einfluß auf Ertragshöhe und Ertragssicherheit auszuüben. Höhere und sichere Erträge könnten bei oft geringerem Aufwand an Produktionsmitteln erreicht werden. Dabei ist es naheliegend, den Strom dort zu erfassen, wo er ausmündet und daher in der Transpirationsintensität meßbar wird.

Als *Transpiration* bezeichnet man die von lebenden Geweben unverletzter Pflanzenteile bewirkte Abgabe von Wasser in Dampfform. Bei der Transpiration handelt es sich nach MOLISCH (42) um einen physikalisch-biologischen, nach PFEFFER (46) und BOSE (16) um einen aktiven, rein physiologischen Vorgang. Nach v. GUTTENBERG (27) ist die Transpiration ein physiologisch regulierter Prozeß. Auch MAXIMOW (38) zählt die Transpiration zu den physiologischen Prozessen. Man unterscheidet im allgemeinen eine epidermoidale (cuticulare) und eine stomatäre (intercellulare) Transpiration. Manche unterscheiden außer diesen beiden Arten noch eine juvenile und verstehen hierunter den transpirationalen Wasserverlust junger Blätter mit noch nicht erfolgter Gewebedifferenzierung. Es ist sehr wichtig, die Gesamttranspiration zu erfassen, weil die äußeren Faktoren nicht in gleichem Maße auf die epidermoidale und stomatäre Transpiration einwirken.

Obwohl im Schrifttum eine Fülle von Möglichkeiten der *Transpirationsbestimmung* zur Beschreibung gelangt ist, so entsprechen die bekanntgewordenen Methoden doch nicht den von uns zu stellenden Anforderungen. Sie fußen zunächst oft auf *Fest-*

stellungen an Blättern und Blatteilen. Wie umfangreiche eigene Versuche ergaben, kann man im Hinblick auf die Transpiration nicht von Blättern oder anderen Pflanzenteilen auf die ganze Pflanze schließen. Ihre Transpirationsintensität steht nicht in Beziehung zu der irgendwelcher Blätter. Diese lassen ganz verschiedene Werte der relativen Transpiration erkennen. Bei jungen, etwa vier Blätter aufweisenden Getreidepflanzen zeigt das Basalblatt stets hohe Werte der relativen Transpiration. Wie wir wiederholt fanden, sind diese auf die meist weit geöffneten Stomata zurückzuführen. Die höher ansitzenden Blätter zeigen abnehmende Tendenz in den Werten der relativen Transpiration. Das Herzblatt transpiriert kaum. Die Spaltöffnungen pflegen völlig geschlossen zu sein. Aus alledem folgt, daß es darauf ankommen muß, die Menge des von der ganzen Pflanze abgegebenen Wassers zu ermitteln.

Zieht man die Pflanzen in Gefäßen, dann hat man die Möglichkeit, aus dem nach einiger Zeit eintretenden Gewichtsverluste zu ersehen, wieviel Wasser zur Abgabe gelangte. Man bezeichnet diese Art des Vorgehens als „*Wägungsmethode*“. Leider ist hierbei die Ausschaltung der Verdunstung des Bodenwassers nicht leicht zu erreichen, ganz abgesehen von der bei länger andauernder Abdichtung bewirkten und der Pflanze sehr nachteiligen Stauung von CO_2 im Boden. Hinzu kommt, daß man nach dem Aufgange der Pflanzen nie genau weiß, welches Pflanzengewicht zu dem Gewicht von Gefäß und Boden hinzuzurechnen ist, wenn es gilt, die Wassermenge aufzubringen, die erforderlich ist, um eine bestimmte Bodenfeuchtigkeit zu gewährleisten. Erstrecken sich die Transpirationsmessungen über eine längere Zeit, dann taucht die schwierige Frage auf, welche Bezugsquelle zur Verwendung gelangen soll. Pflanzengewicht und Pflanzenoberfläche scheiden aus, weil sich diese Werte in ihrer Größe von Tag zu Tag ändern. Man erfährt die Bezugsquelle erst am Tage der Aberntung der Gefäße. An sich wäre es nötig, die jeweils in die Messungen einbezogene Pflanzenmasse nach Durchführung der Transpirationsbestimmung je Versuchsgefäß abzuschneiden und darauf die in bestimmter Zeit transpirierte Wassermenge zu berechnen. Damit würde aber der Versuch in seinem Verlaufe gestört. Sehr zu berücksichtigen ist auch, daß man schon der ganz besonders gearteten Anzuchtbedingungen wegen bei älteren Individuen nicht ohne weiteres von in Gefäßen gezogenen Pflanzen auf solche des Freilandes Schlüsse zu ziehen vermag. Wir verlegten uns daher von Anfang an auf die Ausarbeitung neuer Methoden, die es erlauben sollten, die Transpirationsintensität von Freilandpflanzen exakt zu bestimmen.

Wir erarbeiteten zunächst die sogenannte *gasometrische Methode*, die es unter Verwendung besonderer Apparaturen ermöglicht, genaue Transpirationswerte im freien Felde zu ermitteln und Pflanzen verschiedener Parzellen in die Prüfung einzubeziehen [Arland (3)]. Das Prinzip des Vorgehens besteht darin, daß die zu untersuchenden, unter Glasglocken zu bringenden Pflanzen (Abb. 1) bei abgedichtetem Boden einem schwachen Luftstrom ausgesetzt werden, der die von ihnen in Dampfform abgegebenen Wassermengen ständig wegführt, um sie nach Abgabe an wasserabsorbierende Substanzen oder durch die ausfällende Wirkung tiefer Temperaturen meßbar zu machen. Ein nicht mit Pflanzen beschicktes System dient der Erfassung der in dem Luftstrom an sich enthaltenen Wassermenge. Das Durchsaugen der Luft wird von einem mit Regulieranlasser versehenen Schmiedefeuergebläse hervorgerufen, das durch entsprechende Schaltung saugende Wirkung herbeiführt. Die Luft durchströmt jede der Glocken mit Hilfe von zwei Glasröhren derart, daß sie durch eine den Hals senkrecht durchbohrende Glasröhre bis auf den Grund des Glockenraumes gelangt, dann die

Glocke bis oben durchfließt, um von hier durch eine kurze zweite Glasröhre den Raum zu verlassen. In Gefäßen besonderer Art wird die Luft von dem mitgeführten Wasserdampf befreit. Die Ausfällung des Wasserdampfes erfolgt durch tiefe Temperaturen, wie sie durch flüssige Kohlensäure und Äther oder durch flüssige Luft gegeben sind. Das zur Ausfällung gelangende Wasser verwandelt sich sofort in Eis (Abb. 2). Die trocken gewordene Luft durchströmt anschließend ihr Volumen messende Gasometer (Abb. 3), die eine Einstellung auf gleichen Luftdurchgang erlauben. Jedes Leitungssystem verfügt über einen 30flammigen Injektionsgasmesser, der Ölfüllung aufweist und geeicht ist. Von den Gasometern gelangt die Luft in ein Absaugrohr und von hier in das Gebläse, das sie nach außen wirft.

So genau die mit diesem gasometrischen Verfahren erzielten Befunde sind, so erweist es sich doch für die Praxis als zu kompliziert. Es diente daher als Standardmethode. In vierjährigem Bemühen gelang schließlich unter ständigem Vergleichen der Werte die Erarbeitung der sogenannten *Anwelkmethode*, die es ermöglicht, Pflanzen des Feldbestandes in großen Serien und rasch, lediglich unter Zuhilfenahme einer Waage auf ihre Transpiration zu untersuchen [ARLAND (3, 4, 5)]. Das Verfahren ist einfach. Es fußt auf der Ermittlung des Gewichtsverlustes im Zeitraume von 30 Minuten. Im einzelnen geht man so vor, daß die Pflanzen dem Boden entnommen (Abb. 4) und hierauf nach dem Entfernen der über die Wurzelballen hinausragenden Wurzelfasern (Abb. 5) so weit in eine Paraffinschmelze getaucht werden, wie sie im Boden verankert waren (Abb. 6). Es wird hierdurch erreicht, daß der mit dem Boden verbunden gewesene Teil abgedichtet und an der Abgabe von Wasser verhindert wird. Eine Temperatur der Schmelze von etwa 55—60° C hat sich als gänzlich ungefährlich erwiesen. Zweckmäßig fügt man dem Paraffin etwas Sudanrot zu, um bei dem später erfolgenden Abschneiden des paraffinierten Teiles die Grenze zwischen dem nichtparaffinierten und paraffinierten Teile gut zu erkennen. Es gelingt leicht, das Paraffin unter Zuhilfenahme eines Wasserbades auf einem mit Windschutzvorrichtung ausgestatteten Spirituskocher bei der erforderlichen Temperatur flüssig zu halten. Die mit paraffinierten Wurzelballen versehenen Pflanzen werden in ein Wägehäuschen gebracht, wo ihr Gewicht ohne Beeinträchtigung durch Wind festgestellt werden kann. Das Wägehäuschen wird zweckmäßig in der Größe von $2 \times 2 \times 2$ m aus Holz und Dachpappe errichtet. Um zu erreichen, daß der Abbau und die eventuelle Verwendung an anderer Stelle leicht erfolgen können, empfiehlt es sich, das Wägehäuschen unter Zuhilfenahme von Verbindern aus fertig vorliegenden Wänden zusammenzustellen. An den vier Eckkanten angebrachte, im Boden verankerte Drahtseile bewirken festen Stand und verhüten das Umreißen durch Wind oder Sturm. Eine verschließbare Tür ermöglicht das Betreten des Raumes. Das Licht hat durch zwei Fenster Zugang, zwischen denen auf einem entsprechenden Tische die Waage ihren Platz findet. Geht es um Wägungen von Pflanzen, die besonders lang sind, dann wird es erforderlich sein, das Wägehäuschen etwas größer zu bauen, um die auf der Waage befindlichen Pflanzen ungehindert in dem Raume wägen zu können. Die Waage wird vorteilhafterweise mit einer aus Leichtmetall oder aus einer mit Glanzpapier oder Paraffinhaut überzogenen und aus Karton angefertigten Mulde versehen, die so groß zu wählen ist, daß die Pflanzen ungehindert aufgelegt werden können, ohne Gefahr zu laufen, bei vorliegender Sperrigkeit beschädigt zu werden. Geht es darum, das Gewicht etwa von älteren, sperrigen Kartoffelpflanzen festzustellen, dann empfiehlt es sich, eine besonders weiträumige Mulde zu schaffen. An Stelle des von uns meist benutzten Typs der chemisch-technischen Waage werden bei Vorliegen kleinerer Pflanzen mit Vorteil Zeigerwaagen verwendet. Die mit paraffinierten Wurzelballen versehenen Pflanzen gelangen nach Ermittlung ihres Gewichtes (Abb. 7) 30 Minuten lang auf einem Rahmen unter Zuhilfenahme von Drahtklammern oder Drahtspiralen frei zur Aufstellung (Abb. 8). Die Blätter sollen hierbei in ihrer Lage keine Beeinträchtigung erfahren. Die Abstände sind so zu wählen, daß jede gegenseitige Beeinflussung unterbleibt. Die Auswirkung des Standortes hält weiter an. Die Pflanzen befinden sich, wie Dr. CLEMEN, Leipzig, vor kurzem ausführte, auf dem „Prüfstande“. Hierbei dürfen sie weder vom Schatten des Pflanzenbestandes noch von dem des Wägehäuschens erreicht werden. Desgleichen ist darauf zu achten, daß nicht ein Teil der zur Aufstellung gelangenden Pflanzenreihen besonderen Windschutz genießt. Eine zweite Wägung ergibt in dem Gewichtsverluste die in dieser Zeit transpirierte Wassermenge, die *absolute Transpiration* (Abb. 9). Keineswegs soll damit gesagt sein, daß die Anwelkdauer für alle klimatischen Verhältnisse und alle Pflanzenarten eine halbe Stunde betragen möge. Wir konnten allerdings bei all den vielen, in die Untersuchungen einbezogenen Pflanzenarten die Erfahrung machen, daß unter unseren Verhältnissen im allgemeinen eine Anwelkdauer von 30 Minuten zugrunde gelegt werden kann.

So wertvolle Aufschlüsse die hierbei gewonnenen Zahlen ergeben, so entscheidend sind die Werte, die man erhält, wenn man die absolute Transpiration auf 100 g grüne Masse bezieht, also feststellt, wieviel Wasser von der Gewichtseinheit Pflanzenmasse transpiriert wird. Die so ermittelte *relative Transpiration* stellt einen äußerst wichtigen Vergleichs- und Wertungsmaßstab dar. Sie darf nicht mit der Transpiration schlechthin verwechselt werden [ZADE (70)]. Sie kann bei entsprechender Umwelt auch über das Vermögen der Pflanzen aussagen, Transpirationswiderstände einzuschalten, sich „abzuriegeln“ und sich damit vor Erschöpfung zu bewahren. Auf Grund des Bezugssystems kann man auch von einer „gewichtsrelativen“ Transpiration sprechen. Das Gewicht der transpirierenden Pflanzenmasse wird erfaßt, wenn man die paraffinierten Teile dicht am Paraffinrande abschneidet, ihr Gewicht feststellt (Abb. 10) und dieses von dem bei der ersten Wägung ermittelten in Abzug bringt. LIVINGSTON (35) bezieht die Transpirationsgröße der Pflanze (T) auf die gleichzeitige Verdunstungsgröße (E) einer gleichgroßen freien Wasserfläche (bzw. eines wassergesättigten Körpers) und bezeichnet das Verhältnis als „relative Transpiration“ oder Transpirationsvermögen (t): $T : E = t$.

Legt man Wert darauf, die *Transpirationsintensität im Bestande* selbst kennenzulernen, dann bringt man die dem Felde entnommenen und in der beschriebenen Weise mit Paraffin behandelten Pflanzen nach der vorgenommenen Wägung an die Stellen des Bestandes zurück, denen sie entnommen worden waren. Durch Zuhilfenahme einer Drahtspirale erzielt man aufrechten Stand. Nach 30 Minuten erfolgt die zweite Wägung.

So einfach dies alles erscheint, so gehört doch, was die *Handhabung des Verfahrens* anbelangt, wie bei fast allen biologischen Arbeitsmethoden, ein gewisses Maß an Erfahrung dazu, um es wirklich meistern zu können. Der persönlichen Unterweisung durch einen erfahrenen Fachmann kann der Anfänger kaum entraten. Genauigkeit und Zuverlässigkeit müssen gewährleistet sein.

Nach Vorliegen der geschilderten Methode war es möglich, *Pflanzen des Feldbestandes in großen Serien* auf ihr Verhalten zu prüfen. In der Folge soll über den heutigen Stand der Erkenntnis auf dem oben gekennzeichneten Arbeitsgebiet zusammenfassend berichtet werden.

Von der Darstellung der Wiederholungsversuche ist im Rahmen der folgenden Tabellen aus Gründen besserer Übersichtlichkeit abgesehen worden, da die jeweils an weiteren Tagen ausgewerteten Versuche in ihren Ergebnissen dieselbe Tendenz aufwiesen.

Abb. 1. Gasometrische Methode: Ein durch die Glocken gesaugter Luftstrom führt die von den Pflanzen in Dampfform abgegebene Wassermenge mit sich fort

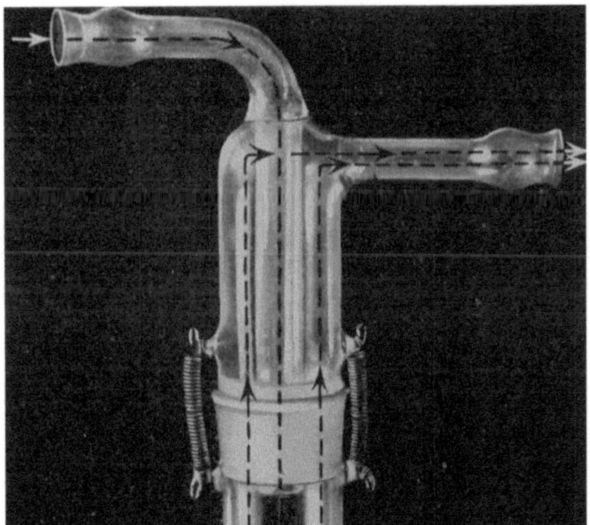

Abb. 2. Gasometrische Methode: Die aus der Glocke strömende Luft wird durch Türmchen oben dargestellter Art geleitet, die in mit flüssiger Kohlensäure und Äther oder mit flüssiger Luft gefüllte Gefäße ragen. Die tiefen Temperaturen bewirken die Ausfällung des Wasserdampfes in Form von Eis

Abb. 3. Gasometrische Methode: Die Gasuhren ermöglichen es, die Stärke des durch das jeweilige Glockensystem gesaugten Luftstromes genau zu bemessen

Abb. 4. Anwelkmethode im Freilande: Die Pflanzen werden dem Boden entnommen

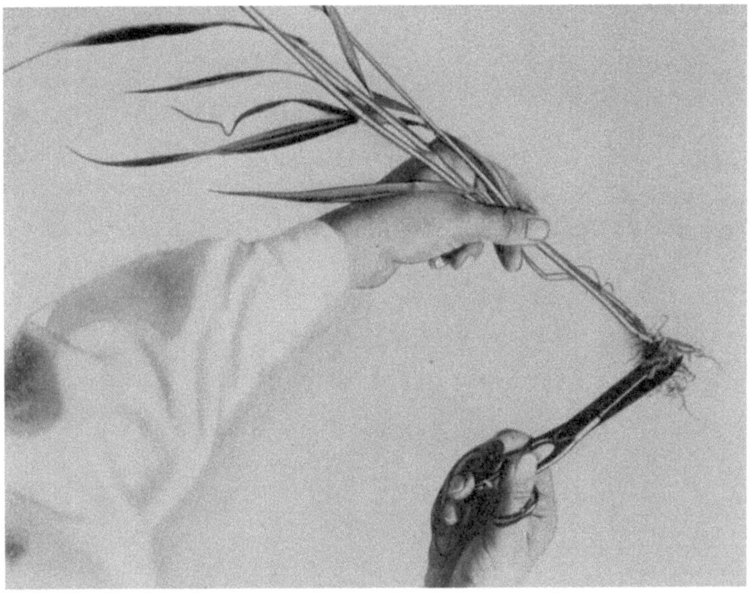

Abb. 5. Anwelkmethode im Freilande: Längere Wurzeln werden samt anhaftenden Bodenteilchen entfernt

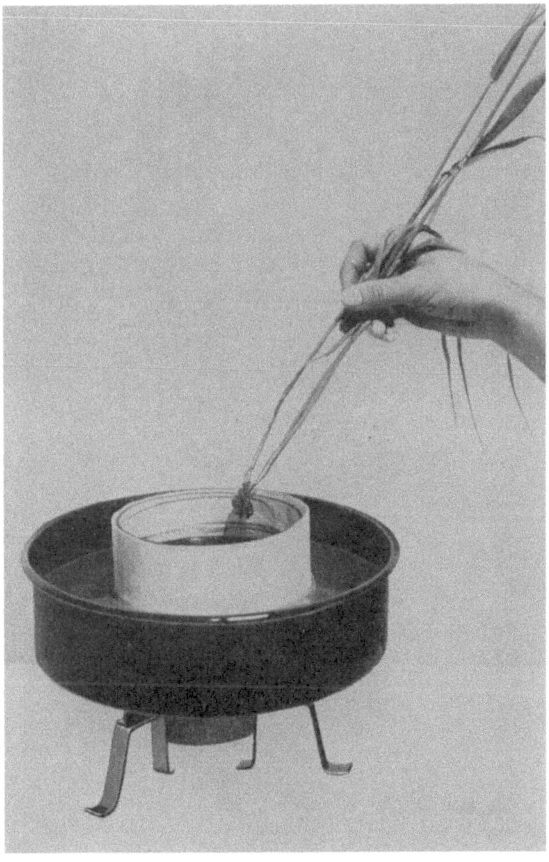

Abb. 6. Anwelkmethode im Freilande: Wurzelhals und verbleibende Wurzelreste werden so tief in eine Paraffinschmelze getaucht, wie die Pflanze im Boden verankert war

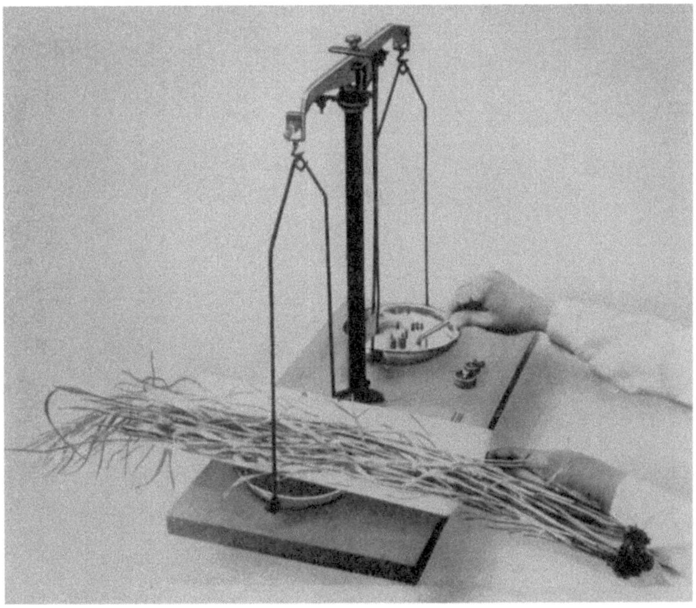

Abb. 7. Anwelkmethode im Freilande: Das Gewicht der Pflanzen wird ermittelt (1. Wägung)

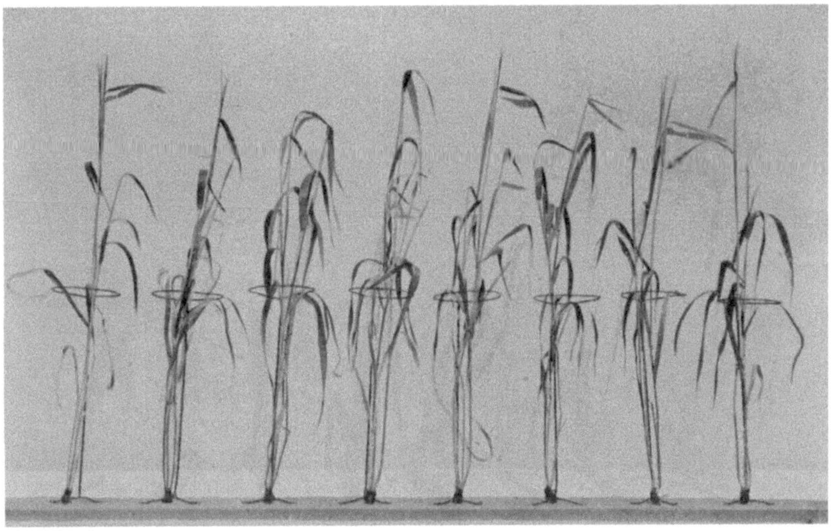

Abb. 8. Anwelkmethode im Freilande: Die Pflanzen gelangen zur Aufstellung. Je „Kulturmaßnahme" wird eine Leiste eines mehrteiligen Rahmens mit Pflanzen beschickt

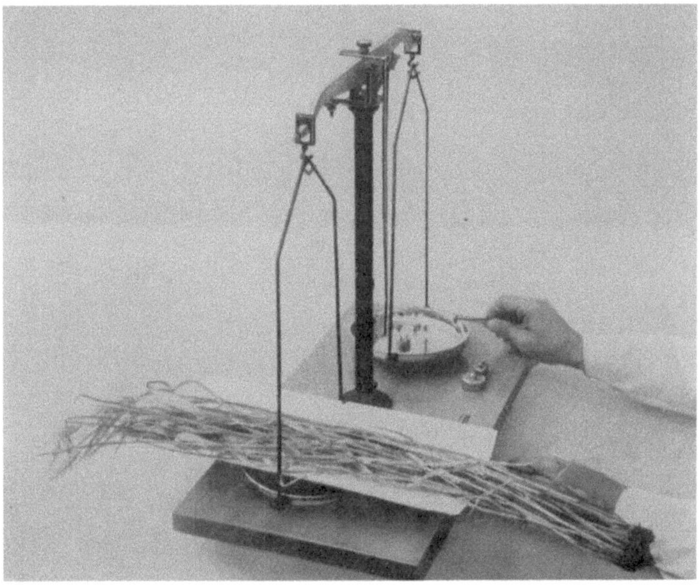

Abb. 9. Anwelkmethode im Freilande: Nach Ablauf von 30 Minuten wird das Gewicht der Pflanzen erneut festgestellt (2. Wägung)

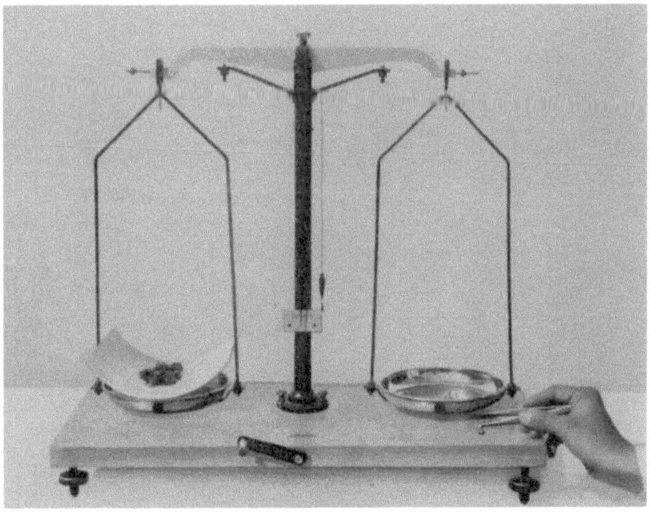

Abb. 10. Anwelkmethode im Freilande: Nach Durchführung der 2. Wägung werden die paraffinierten Wurzelteile abgeschnitten und gewogen

Wie zu erwarten war, stellte es sich heraus, daß es ein absolutes Transpirationsvermögen einer Pflanze nicht gibt, sondern daß *die Transpirationsintensität eine mit den Außenbedingungen und den inneren Faktoren wechselnde Größe* ist. Das bedeutet, daß die Messungen möglichst gleichzeitig an unter gleichen äußeren Bedingungen stehenden Pflanzen auszuführen sind. Die Transpirationswerte gelten lediglich für die zur Zeit der Versuchsanstellung herrschenden inneren und äußeren Bedingungen. Selbstverständlich kommt es sehr darauf an, die Umweltfaktoren zahlenmäßig zu ermitteln, um Gelegenheit zu haben, die jeweils vorliegenden Besonderheiten in der Reaktion auf bestimmte Umwelteinflüsse auffinden zu können. Bei der Durchführung der Transpirationsmessungen sind windstille Tage zu bevorzugen. Bei sehr windigem Wetter pflegen die erhaltenen Transpirationswerte recht unausgeglichen zu sein, zumal, wenn heftige Windstöße auftreten. Die zweckmäßig in Kurven aufzuzeigenden Werte sind besonders dann sehr aufschlußreich, wenn auch der Verlauf der Temperatur, der Luftfeuchtigkeit, der Verdunstungs- sowie der Licht- und Windstärke mit dargestellt wird. Zumindest sollten die Temperaturverhältnisse zur Registrierung gelangen, wobei das Thermometer stets im Schatten aufzustellen ist. Daß die Bodenfeuchtigkeit bestimmt werden möchte, bedarf keiner besonderen Betonung.

Immer wieder konnten wir feststellen, daß die *Erfassung einer größeren Zahl von Individuen* zwecks Erreichung eines Durchschnittswertes unbedingt nötig ist. Bei Getreide streben wir an, die Transpirationswerte je Parzelle und Tag im Freilande auf wenigstens 40 Individuen fußen zu lassen. Bei Kartoffeln vermag man mit weit weniger Pflanzen auszukommen, vorausgesetzt, daß abbaufreies Pflanzgut zur Verwendung gelangt. Streng zu beachten ist, daß die in die Untersuchungen einbezogenen Individuen gesund sein müssen. Liegen irgendwelche Beeinträchtigungen durch nichtparasitäre Einflüsse oder etwa durch Pilze und Bakterien vor, dann würde, wie später noch erörtert wird, die Einbeziehung solcher Pflanzen zu abweichenden Befunden führen. Randpflanzen werden bei der Auswertung nicht mit in Berücksichtigung gezogen. Dasselbe gilt für Pflanzen, die unmittelbar an Fehl- oder solche Stellen grenzen, denen am Tage der letzten Messung Individuen entnommen wurden.

Der *Anbau* der für die jeweiligen Untersuchungen zu verwendenden Pflanzen erfolgt auf krumen- und untergrundmäßig ausgeglichenem Land. Die Aussaat geschieht zuchtgartenmäßig. Es wird hierdurch erreicht, daß die bei Drillsaat in der Reihe oft auftretenden und sich transpirationsmäßig auswirkenden Verschiedenheiten in der Bestandesdichte wegfallen. Im einzelnen geht man so vor, daß man zweckmäßig auf 3 m breite Zuchtgartenstreifen zukommt und die Aussaat in Pflanzenreihen vornimmt, in denen einwandfrei keimfähige Körner unter Einhaltung gleicher Abstände ausgesät werden. Die Pflanzen können sich dann ganz gleichmäßig entwickeln. Macht es die Versuchsplanung etwa im Rahmen von Saatstärkeversuchen erforderlich, auf andere Saatmengen zuzukommen, dann läßt es sich leicht errechnen, wieviel Körner jeweils je Längeneinheit auszulegen sind. Bei Getreide wird meist ein Abstand der Reihen von 18 oder 20 cm und eine Entfernung der Körner in der Reihe von 2,5 cm gewählt. Je Parzelle gelangen zweckmäßig 8 Reihen zur Aussaat. Zur Auswertung werden die mittleren zwei Reihen jeder Parzelle herangezogen. So wird erreicht, daß nur die Pflanzen zur Untersuchung gelangen, deren Wurzeln sich auf der jeweils in Betracht kommenden Parzelle ausgebreitet haben. Bringt man die nicht in die Untersuchungen einzubeziehenden, links und rechts an den Weg grenzenden Randpflanzen in der Streifenbreite von je $\frac{1}{2}$ m in

Abzug, dann stehen je Behandlungsart und Parzelle 80 Individuen zur Verfügung. Selbstverständlich erfolgt der Anbau in vielfacher Wiederholung.

Wie sich die Anlage eines solchen Zuchtgartenstreifens gestaltet, wenn bei Getreide z. B. eine Staffelung von Stickstoff vorgenommen wird, geht aus der in der Folge beigegebenen Skizze hervor.

Die Ermittlungen ergaben bald, daß viele unserer Kulturen das verfügbare Bodenwasser nicht nur schlecht ausnutzen, sondern mit ihm zu ihrem Nachteil verschwenderisch umgehen. Die je Gewichtseinheit Pflanzenmasse abgegebene Wassermenge ist oft zu hoch. Wir fanden, daß viele Pflanzenbestände weit mehr Wasser verbrauchen, als nötig ist. Eine *ökonomische Ausnutzung der Wasservorräte* durch die Pflanze konnte nur verhältnismäßig selten festgestellt werden. Wir erachteten es daher für unsere Pflicht, den Zusammenhängen im einzelnen nachzugehen und den ganzen Fragenkomplex einem eingehenden Studium zu unterziehen.

Anlage eines Zuchtgartenstreifens

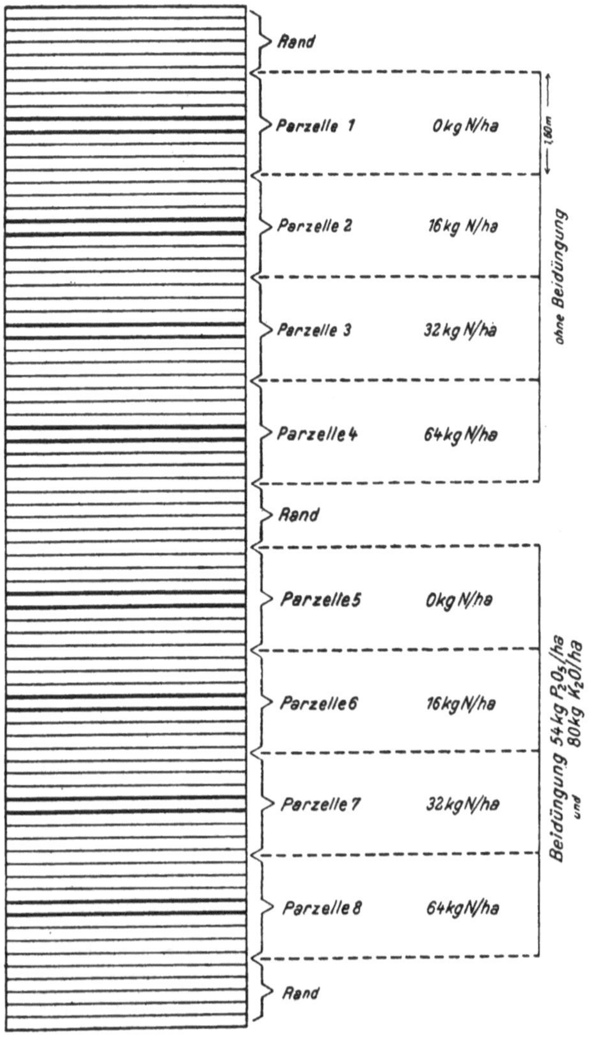

Es erschien zunächst angebracht, das in transpirationsmäßiger Hinsicht gegebene Verhalten der *Arten* und *Sorten* unserer Kulturpflanzen zu ermitteln. Bekanntlich läßt nicht jeder Boden mit Erfolg Pflanzen beliebiger Art und Sorte gedeihen. Werden die jeweiligen Ansprüche nicht berücksichtigt, so sind Mißerfolge unausbleiblich.

Die Untersuchungen ließen erkennen, daß sich die *Pflanzenarten* sehr erheblich in ihrer relativen Transpiration unterscheiden.

Von VERDOFSKY im Rahmen seiner vor dem Abschluß stehenden Dissertation in unserem Institut durchgeführte Untersuchungen ergaben u. a., daß junge, 4—5 Blätter aufweisende und auf sandigem Lehmboden von Leipzig-Probstheida bei mittlerer Bodenfeuchtigkeit und in gleichen Abständen gezogene *Getreidepflänzchen* die in der Folge angegebenen Transpirationswerte erkennen ließen. Die Zahlen stammen von jeweils 120 Pflanzen. Die Transpirationsmessung erfolgte bei 27,5° C.

Vergleich der Transpirationsintensität junger, 4—5 Blätter aufweisender und auf sandigem Lehmboden in Schalen gezogener Getreidepflanzen

Schale	Anzahl der Pflanzen	Pflanzenart	Transpirierende Pflanzenmasse in g	Transpirierende Pflanzenmasse in Relativzahlen	Die in 30 Minuten transpirierte Wassermenge (Welkeverlust) in g	Relative Transpiration in %	Relative Transpiration p	Relative Transpiration in Relativzahlen
1—2	120	Winterroggen	50,50	100	2,51	4,97	—	100
3—4	120	Winterweizen	45,20	90	2,61	5,77	3,4	116
5—6	120	Wintergerste	52,64	104	3,80	7,22	0,2	145
7—8	120	Hafer. . . .	43,73	87	3,44	7,87	0,9	158

Die Befunde bestätigen die im Laufe der Jahre auf dem Versuchsgute Leipzig-Probstheida gewonnene Erfahrung, derzufolge sich Winterroggen, Winterweizen, Wintergerste und Hafer durch Ansprüche unterscheiden, die der angegebenen Reihenfolge entsprechen.

Von VERDOFSKY im Jahre 1949 an acht verschiedenen *Grasarten* in fünf Entwicklungsstadien (ungeschoßt, Schoßbeginn, geschoßt, Blüte, Reife) im Freilande durchgeführte Transpirationsmessungen ergaben auf sandigem Lehmboden von Leipzig-Probstheida eine Reihung, die gleichfalls den dort in der Praxis erzielten Erfahrungen entspricht. Sie lautet:

Vergleich der Transpirationsintensität von auf sandigem Lehmboden gezogenen Pflanzen verschiedener Grasarten

[Die Messungen erfolgten in 5 Entwicklungsstadien (ungeschoßt, Schoßbeginn, geschoßt, Blüte, Reife) im Freiland während der Vegetationsperiode des Jahres 1949]

Parzelle	Anzahl der Pflanzen	Pflanzenart	Transpirierende Pflanzenmasse in g	Transpirierende Pflanzenmasse in Relativzahlen	Die in 30 Minuten transpirierte Wassermenge (Welkeverlust) in g	Relative Transpiration in %	Relative Transpiration p	Relative Transpiration in Relativzahlen
1	300	Welsches Weidelgras	222,52	100	19,53	8,78	—	100
2	300	Wiesenschwingel . .	324,78	146	29,82	9,18	20,7	105
3	300	Knaulgras	766,17	344	72,27	9,43	10,4	107
4	300	Deutsches Weidelgras	209,40	94	20,59	9,83	23,3	112
5	300	Wiesenrispe	91,65	41	9,14	9,97	5,4	114
6	300	Straußgras	230,28	103	23,28	10,11	6,7	115
7	300	Glatthafer	441,97	199	46,71	10,57	47,0	120
8	300	Wiesenfuchsschwanz	531,94	239	61,97	11,65	4,9	133

Besonders zahlreich sind die in unserem Institut durchgeführten Untersuchungen an verschiedenen *Sorten* der Kulturpflanzen. Ich verweise auf die Arbeiten von KUNATH (33), PETERHÄNSEL (45), PHILIPP (47), REISS (49), THOMAS (63), VERDOFSKY, WEISE und WERMANN (68). Ganz besonders interessant ist die Feststellung, derzufolge die in der Praxis unter ungünstigen Verhältnissen, wie z. B. Trockenheit, bewährten Sorten im Durchschnitt geringe relative Transpiration aufzuzeigen pflegen. Besonders groß sind dabei die Unterschiede in der Zeit der Transpirationsmaxima. Sie betragen bis 30% und mehr. Sobald die Transpirationsintensität z. B. durch Absinken der Temperatur nachgelassen hat und eine die Pflanzen nicht gefährdende Größe erreicht worden ist, nähern sich die Transpirationswerte der Sorten einander. Gleichfalls sehr wichtig ist ferner die Feststellung, nach der bestimmte Sorten mehrere Jahre hindurch fast eine gleiche, also sortengebundene Tendenz aufwiesen. PETERHÄNSEL (45) hat drei Gerstensorten 3 Jahre hindurch auf ihre Transpirationsintensität geprüft und dabei festgestellt, daß die jahrgangweise ermittelte relative Transpiration der Sorten etwa dieselbe Tendenz zeigte. Sehr beachtenswert sind in diesem Zusammenhange auch Feststellungen an den früher stark verbreitet gewesenen drei Hafersorten Beseler II, F. v. Lochows Gelb und v. Kalbens Vienauer. Diese wurden in verschiedenen Jahren in Leipzig [ARLAND (3)], Göttingen [GROTE (26)] und im ehemaligen Königsberg [LUTHER (36)] nach der Anwelkmethode auf ihre Transpirationsintensität hin geprüft, wobei sich ebenfalls weitgehend gleiche Tendenz im Verhalten der Sorten ergab. Man darf daraus den Schluß ziehen, daß es notwendig ist, die vorhandenen Züchtungen nicht nur, wie es bisher geschah und noch geschieht, insbesondere auf ihre morphologischen Merkmale zu untersuchen, sondern den Schwerpunkt auf das Gebiet der Physiologie zu verlegen und ihr Verhalten hinsichtlich der Transpiration in den durch Besonderheiten des Bodens, des Klimas und der Lage gekennzeichneten Landschaften und in verschiedenen Entwicklungsstadien zu studieren. Dasselbe gilt natürlich auch für die Zuchtstämme, die als Sorten herausgegeben werden sollen. Die Feststellungen sind um so dringender, als in der Stärke der relativen Transpiration auch der Grad der Auswirkung der Schutzeinrichtungen erfaßt werden kann. Man hätte nach Vorliegen der Transpirationswerte wichtige Unterlagen für die Kennzeichnung des Verhaltens sowie der Ansprüche und damit für die *Sortenplanung*. Man erhielte Material, das sonst erst aus vieljährigen Anbauversuchen abzuleiten wäre. Der Anbau zu starker Transpiration neigender Sorten wäre z. B. in regenarmen Lagen zu unterbinden. [Vgl. auch WALTER (67).] Daß auch der nach Art und Sorte verschieden gelagerte Zeitpunkt des durch hohe absolute Transpirationswerte bedingten größten Bodenwasserentzuges mit berücksichtigt werden möchte, sei gleichfalls betont. Dasselbe gilt auch für den verschieden gestalteten Wachstumsrhythmus. In beiden Fällen sind Höhe und Verteilung der Niederschläge mit in Rechnung zu stellen. Im übrigen ist gerade in diesem Zusammenhange zwischen Ertragshöhe und Ertragssicherheit zu unterscheiden. Eine Schlußfolgerung aus dem Verhalten jugendlicher, ein bestimmtes Stadium der Entwicklung aufweisender Pflanzen (Getreide z. B. im Vierblattstadium) auf die Einstellung der Sorten in späteren Stadien ist nach dem heutigen Stande der Erkenntnis im allgemeinen nicht möglich. Will man daher das Verhalten der Sorten kennenlernen, dann erweist es sich als notwendig, die Messungen *während der ganzen Wachstumszeit* durchzuführen. Zumindest wird es sich empfehlen, die Transpirationsbestimmung wöchentlich an einem oder besser an zwei Tagen vorzunehmen, wobei besonderer Wert darauf zu legen ist, daß z. B. je Getreidesorte und Woche Transpirationswerte anfallen, die auf wenigstens 80 Pflanzen fußen. Dies soll aber nicht besagen, daß nicht auch das Studium der Transpiration junger, in entsprechender Umwelt herangewachsener Pflanzen von größter Bedeutung ist. Dies gilt insbesondere für Individuen, die ein bestimmtes Stadium der Entwicklung aufweisen (Getreide z. B. im Vierblattstadium), im zeitigen Frühjahr in kaltem oder gar gefrorenem Boden wurzeln und bei Sonnenbestrahlung und höheren Temperaturen keine Gelegenheit haben, Wasser aufnehmen zu können. Es ist erwiesen, daß mit Erniedrigung der Temperatur die Geschwindigkeit der Wasseraufnahme durch die Wurzeln der Pflanze ziemlich rasch fällt, wobei allerdings bei den verschiedenen Pflanzenarten die Geschwindigkeit dieses Abfalles nicht gleichmäßig ist. Nach Ansicht von SCHIMPER ist kalter Boden physiologisch trocken, auch wenn er mit Wasser gesättigt ist [MAXIMOW (38)]. In solcher Umwelt wachsende Pflanzen können durch Austrocknung zugrunde gehen. Nicht mangelnde Winterfestigkeit, sondern mangelnde Frühjahrsfestigkeit ist dann die Ursache ihres Sterbens.[1])

So wichtig und anerkennenswert das Bemühen ist, neue bessere Sorten zu schaffen, so bedeutungsvoll ist es, doch zunächst die vorhandenen in ihrem physiologischen Verhalten zu studieren, in dem Bestreben, den Anbau der jeweiligen Sorte dort erfolgen zu lassen, wo er auf Grund der Werte der relativen Transpiration vorgenommen werden sollte. Unsere Sorten sind sehr oft gar nicht in der Lage, sich leistungsmäßig zu entfalten, weil die ihnen eigenen *Ansprüche* nicht berücksichtigt werden. Diese zu ermitteln, ist nunmehr, wie in der Folge noch ausgeführt wird, unter Zuhilfenahme der Transpirationsmessungen möglich. Erfreulicherweise liegt bereits umfangreiches Material in düngungsmäßiger Hinsicht vor, über das in Kürze CHARLOTTE ENZMANN berichten wird. Die Versuche sind auf breiter Basis im Institut für Tierernährung und Bodenkunde der Deutschen Akademie der Landwirtschaftswissenschaften, Abteilung Pflanzenbau, in Leipzig-Möckern zur Durchführung gelangt. ENZMANN (20) fand im Rahmen seiner in unserem Institut durchgeführten Dissertation, daß die von ihm in die Untersuchungen einbezogenen Gerstensorten sich durch verschiedenen Kalkbedarf auszeichnen.

Prägt sich demnach der Sortencharakter deutlich in der relativen Transpiration aus, dann mußte es auch lohnend sein, die in der *Beschaffenheit des Saatgutes* begründete Gunst oder Ungunst der Verhältnisse in ihrer Auswirkung auf die relative Transpiration zu studieren. Wie ich in anderem Zusammenhange ausführen konnte, ist die Beschaffenheit des Saatgutes von großem Einfluß [ARLAND (12)].

Es war naheliegend, vor allem zu ermitteln, ob und inwieweit sich der *äußere Wert* in der relativen Transpiration ausprägt. Wir verglichen Pflanzen, die durch Ausreiben mit der Hand gewonnenem Saatgut entstammten, mit solchen, die aus maschinell gedroschenen Körnern hervorgegangen waren. Die an den Pflanzen im Vierblattstadium durchgeführte Transpirationsbestimmung ergab, daß das „Dreschen“ bei den in die Untersuchungen einbezogenen Arten (Sommergerste, Wintergerste, Sommerweizen, Winterweizen) im Vergleich zum „Handausreiben“ eine im Durchschnitt 10%ige Transpirationssteigerung bewirkt hatte. Die Werte fußen auf jeweils 60 Individuen [ENZMANN (20)].

Weiterhin wurden Pflanzen in den Versuch einbezogen, die aus offensichtlich verletzten Körnern stammten. Die Verletzung wurde verschieden intensiv durchgeführt. Je eine Serie umfaßte Pflanzen aus Gerstenkörnern, deren Spitzen abgeschnitten bzw. obere Hälften entfernt worden waren. Eine weitere Serie wies Individuen aus Körnern auf, denen durch Abschneiden so viel Mehlkörper genommen wurde, daß nur der Embryo mit etwas Endosperm übrigblieb. Die an jeweils 60 Wintergerstenpflanzen im Vierblattstadium durchgeführten Transpirationsmessungen ergaben folgende Befunde:

---

[1]) In neuester Zeit befassen sich das Institut für Pflanzenzüchtung zu Bernburg der Deutschen Akademie der Landwirtschaftswissenschaften und das Institut für Agrarbiologie der Universität Leipzig unter Leitung ihres Direktors Prof. Dr. F. OBERDORF auf breiter Basis mit Transpirationsmessungen an verschiedenen Sorten und Herkünften.

Einfluß des äußeren Wertes von Wintergerstensaatgut auf die relative Transpiration junger, 4 Blätter aufweisender und auf humusarmem, sandigem Lehmboden in Schalen gezogener Pflanzen

Schale	Anzahl der Pflanzen	Saatgut	Transpirierende Pflanzenmasse in g	Transpirierende Pflanzenmasse in Relativzahlen	Die in 30 Minuten transpirierte Wassermenge (Welkeverlust) in g	Relative Transpiration in %	Relative Transpiration p	Relative Transpiration in Relativzahlen
1	60	Von Hand ausgerieben . .	39,07	100	2,72	6,96	—	100
2	60	Mit Maschine gedroschen .	39,90	102	3,05	7,64	3,6	110
3	60	Spitzen entfernt	26,10	67	2,45	9,39	< 0,1	135
4	60	Obere Hälften entfernt . .	23,20	59	2,29	9,87	0,2	142
5	60	Obere zwei Drittel entfernt (Embryo mit einem kleinen Teil des Endosperms belassen)	14,97	38	1,71	11,42	< 0,1	164

Wie die Zahlen erkennen lassen, zeigten die aus unverletzten Körnern hervorgegangenen Pflanzen niedrige relative Transpiration. Mit zunehmendem Ausmaße der Verletzung stiegen die Transpirationswerte an. Sie lagen weit höher bei Pflanzen, die aus Körnern mit jeweils entfernter Spitze stammten. Sehr hohe relative Transpiration ergab sich bei den Individuen, die aus Körnern hervorgingen, denen nach der Verletzung eigentlich nur der Embryo verblieb. Damit ist die Erkenntnis physiologisch unterbaut, derzufolge das Saatgut unverletzt sein muß.

Sehr naheliegend war es ferner, den Einfluß der *Korngröße* auf die Transpirationsintensität zu ermitteln. In Untersuchungen, die URSULA-MARIA WOLLNY in unserem Institut durchführte, konnte festgestellt werden, daß die Korngröße der bisher geprüften Arten, wie z. B. Roggen, Weizen, Gerste, Hafer und Erbse, erheblich die relative Transpiration der betreffenden Pflanzen beeinflußt. Wie die an jeweils 120 bzw. bei Erbse 90 Individuen im Jugendstadium (bei Getreide im Vierblattstadium, bei Erbse etwa 15 cm Pflanzenlänge) erzielten Befunde ergaben, zeichnen sich keineswegs die aus großen Körnern hervorgegangenen Pflanzen immer durch geringste relative Transpiration aus. In nicht wenigen Fällen bewirkte die mittlere Korngröße die niedrigste relative Transpiration. Bei Hafer ließen die sogenannten Außenkörner Pflanzen erstehen, die sich durch oft auffallend niedrige relative Transpiration auszeichneten, während die Innenkornpflanzen meist bedeutend höhere Werte aufzeigten. Diese Resultate geben die Erklärung für die in der landwirtschaftlichen Praxis gemachte Erfahrung, derzufolge nur die Außenkörner als Saatware in Betracht kommen. Aus all dem geht hervor, daß es nicht ausreicht, die Korngröße durch Siebung zu berücksichtigen und möglichst große Körner zur Aussaat zu bringen. Keineswegs genügt auch die Feststellung der Keimfähigkeit und Triebkraft allein. Es gilt ebenso, die relative Transpiration der Pflanzen zu ermitteln. Erfreulicherweise tritt die Saatgutbeschaffenheit schon an den Transpirationswerten junger, ein bestimmtes Stadium der Entwicklung aufweisender Pflanzen, bei Getreide im Vierblattstadium, in Erscheinung. Es ist daher möglich, die Untersuchung kurzfristig vor dem Anbau durchzuführen und den Korntyp zu wählen, der ein günstiges Verhalten der Pflanzen zeigt. Keineswegs möchte aber die vor dem Anbau vorzunehmende Anzucht in beliebigem Boden vorgenommen werden. Die Pflanzen sind in der Erde zu ziehen, in der die Aussaat erfolgen wird. Dem Boden soll auch der Dünger zukommen, der dem betreffenden Felde zugedacht ist. Die Bemessung der Düngergabe geschieht unter Zugrundelegung der Fläche. Die Anzucht der Pflanzen erfolgt, wie in anderem Zusammenhange noch zu schildern sein wird, unter Verwendung von Porzellan- oder weiß emaillierten Blechschalen vom inneren Durchmesser 24 cm und der lichten Höhe 6 cm.

In Würdigung all dieser Befunde drängt sich nunmehr die Frage auf, in welchem Ausmaße sich der *innere Wert des Saatgutes* auswirkt.

Sehr aufschlußreich sind in diesem Zusammenhange die Ergebnisse der Untersuchungen, die von CHARLOTTE ENZMANN im Institut für Tierernährung und Bodenkunde der Deutschen Akademie der Landwirtschaftswissenschaften, Abteilung Pflanzenbau, in Leipzig-Möckern durchgeführt wurden mit dem Ziele, die Auswirkung der *Anbaustufe* in transpirationsmäßiger Hinsicht zu erfassen. CHARLOTTE ENZMANN verglich im Rahmen von Winterweizen-, Winterroggen- und Wintergerste-Sortenversuchen Pflanzen aus Handelssaatgut mit solchen, die aus Hochzuchtsaatgut hervorgegangen waren, und konnte feststellen, daß sich die Hochzuchtsaatpflanzen durch niedrigere relative Transpiration auszeichneten. Der an insgesamt 480 Individuen im Vierblattstadium ermittelte Unterschied betrug im Durchschnitt 18%. Das beweist auch hinsichtlich der Transpiration die große Bedeutung der Verwendung besten Saatgutes. Die Transpirationssenkung war mit Ertragszuwachs verbunden. Von besonderem Interesse ist auch die Feststellung, derzufolge aus Superelite- und Elitesaatgut hervorgegangene Winterweizen- und Haferpflanzen im Vergleich zu Hochzuchtsaatpflanzen 8% geringere relative Transpiration aufwiesen. Die Werte fußen auf der Untersuchung von 120 Individuen je Pflanzenart.

Weiterhin zu klären war nun, in welchem Ausmaße sich die *Umwelt* auf das Saatgut auswirkt und inwieweit die Transpirationsintensität von Pflanzen bestimmter Sorte je nach der *Herkunft des Saatgutes* verschieden ist. Die Beantwortung der Frage erscheint um so dringlicher, als wir feststellen konnten, daß die Herkunft beträchtlichen Einfluß auf den inneren Wert des Saatgutes ausüben kann und Schwächen des Bestandes, wie z. B. geringe Dürreresistenz oder geringe Winterfestigkeit, in nicht wenigen Fällen zu Unrecht der Sorte nachgetragen werden, während der Mangel nicht selten der Herkunft zur Last gelegt werden müßte. Dank der äußerst entgegenkommenden Mitwirkung der Gebietsvereinigung XIV (Dresden) der Deutschen Saatzucht-Gesellschaft bei der Beschaffung des Saatgutes war es möglich, bei Getreide Herkunftsversuche einzuleiten, die ergaben, daß die aus Getreidefrüchten bestimmter Sorte und gleicher Größe, aber verschiedener Herkunft hervorgegangenen Pflanzen im Vierblattstadium in der relativen Transpiration Unterschiede im Ausmaße bis 30% und mehr aufwiesen. Die Anzucht erfolgte in Leipziger lehmigem Sand bei mittlerer Bodenfeuchtigkeit in Schalen, die, wie bei unseren Untersuchungen üblich, einen inneren Durchmesser von 24 cm und eine lichte Höhe von 6 cm hatten. Die Transpirationswerte fußten jeweils auf 120 Pflanzen. Nach den vorliegenden Befunden pflegen die Unterschiede um so größer zu sein, je ärmer z. B. der Boden ist, auf dem der Anbau erfolgt. Interessanterweise neigen bestimmte Herkünfte zu niedrigen Transpirationswerten, andere wieder zu höheren. Nach den vorliegenden Erkenntnissen kann es nicht angebracht sein, Herkünfte zu bevorzugen, die hohe Werte der relativen Transpiration der Pflanzen erkennen lassen. Es wird darauf ankommen, für jede Art und eventuell auch Sorte die Anbaugebiete zu ermitteln, die Saatgut hervorbringen, das sich durch niedrige relative Transpiration des Aufwuchses auszeichnet. Sortenversuche möchten demnach zur Voraussetzung haben, daß das Saatgut unter sortenweise jeweils optimalen Bedingungen auf ein und demselben Felde zum Anbau gelangt ist. Im einzelnen wird noch festzustellen sein, ob die Herkunftsprüfung auf beliebigem Boden durchgeführt werden kann oder ob die Prüfung jeweils unter Verwendung des Bodens vorzunehmen ist, auf dem der Anbau erfolgen soll. In Kürze wird über die Befunde berichtet, die mit Saatgut erzielt wurden, das von verschieden gedüngten und auf ihre Transpirationsintensität geprüften Pflanzen jeweils eines Feldes stammte. Es ist anzunehmen, daß die Unterschiede wohl auf armen Böden deutlicher in Erscheinung treten.

Hinsichtlich des transpirationsmäßigen Verhaltens der Arten und Sorten, deren Saatgut unter Zuhilfenahme der von LYSSENKO (37) entwickelten Methode der *Jarowisation von Saat- und Pflanzgut* behandelt worden ist, sei auf Versuche hingewiesen, die Saatzuchtleiter OTTO MENZEL (39) (Versuchsgut Probstheida des Instituts für Pflanzenzüchtung der Universität Leipzig, Direktor: Prof. Dr. Dr. O. HEINISCH) im Jahre 1951 zur Durchführung brachte. Es ergab sich, daß zwischen Jarowisation und Transpiration enge Beziehungen bestehen. An Hand der Transpirationswerte junger, in Schalen oder im Freilande gezogener und ein bestimmtes Entwicklungsstadium aufweisender Pflanzen ist es möglich, die Jarowisationsfähigkeit zu ermitteln, die ebenso wie der Ertrag mit steigender Transpirationsintensität abnimmt. Die Werte lassen sowohl die Eignung der jeweiligen Sorte für die Jarowisation als auch die sich am günstigsten auswirkende Art der Behandlung des Saatgutes erkennen. Es zeigte sich, daß die bei Verwendung von in bestimmter Weise jarowisiertem Saatgut und Anbau im Frühjahr erzielten Kornerträge von Wintergerste sehr beachtlich waren. Obwohl die im genannten Jahre erreichten Erträge der Sommergerste außergewöhnliche Höhe aufwiesen, wurden sie von denen der Wintergerstensorte „Kleinwanzlebener Rekord" bei Anwendung der am meisten zusagenden Art der Jarowisation übertroffen. Die genannte Wintergerstensorte brachte bei Frühjahrssaat und entsprechender Saatgutbehandlung 36,04 dz/ha Körner. Bei Herbstsaat und Verwendung unbehandelten Saatgutes war ein Ertrag von 35,57 dz/ha zu verzeichnen. Die Sommergerstensorte „Haisa" brachte 34,38 dz/ha und die Sommergerstensorte „Isaria" 33,54 dz/ha.

Sehr interessant würde es auch sein, Pflanzen in die Transpirationsmessungen einzubeziehen, die aus Saatgut stammen, das unter Zugrundelegung des von HENKEL und KOLOTOWA (29) in Vorschlag gebrachten Verfahrens der *Abhärtung gegen Dürre* behandelt worden ist. Dieses fußt auf einem in bestimmter Weise durchzuführenden, wiederholten (gewöhnlich dreimaligen) Anfeuchten und Trocknen des Saatgutes. In neuester Zeit wurde von HENKEL und Mitarbeitern ein Verfahren entwickelt, das es erlaubt, die Abhärtung bei Weizen schon nach einmaligem Anfeuchten und Trocknen zu erreichen. Einzelheiten der Abhärtungstechnik sind in einer besonderen Anweisung dargelegt (28). Wie HENKEL ausführt, erwirbt die Pflanze im Prozeß des Abhärtens vor der Aussaat eine erhöhte physiologische Aktivität. Es kommt zu einer Verbesserung ihrer Wasserbilanz. HENKEL berichtet von erheblichen Ertragssteigerungen bei Verwendung von Saatgut, das in der beschriebenen Weise vorbehandelt worden ist. In diesem Zusammenhange wird betont, daß im Abhärten vor der Aussaat eine Maßnahme vorliegt, die auf einen gewissen Grad der Dürre eingestellt ist. Große und andauernde Trockenheit schädigt die abgehärteten Pflanzen beinahe im gleichen Maße wie die zum

Vergleich dienenden Individuen. Selbstverständlich ist die Auswirkung je nach Art und Sorte verschieden. Bei Kartoffeln wird in ganz bestimmter Weise ein Trocknen der zerschnittenen und angekeimten Knollen bei Licht vorgenommen.

Wenn sich unter Berücksichtigung der bisherigen Ausführungen so viele, für den Anbau wichtige Faktoren in der relativen Transpiration der Pflanzen auswirken, so mußte auch die Frage auftauchen, ob nicht *Erkrankungen der Pflanzen in Gestalt einer vom Saatgut ausgehenden Infektion der Keimlinge* ebenfalls eine Zunahme der Transpirationsintensität im Gefolge haben. Im Institut für Phytopathologie der Universität Leipzig unter Leitung von Prof. Dr. E. MÜHLE bisher durchgeführte Untersuchungen brachten den Befund, daß aus brandinfizierten Körnern hervorgegangene Getreidepflanzen höhere Transpirationswerte aufweisen. Es wird erwogen, diese Erkenntnis z. B. in Verbindung mit der *Prüfung von Beizmitteln* zu nützen. In diesem Zusammenhange ist auch die Bemerkung von CRAFTS, CURRIER und STOCKING (18) interessant, die besagt, daß Krankheit träge Reaktion der Stomata auf wechselnde Umwelteinflüsse bewirken kann. Erhöhte Transpiration ist dann die Folge. An anderer Stelle führen die genannten Autoren aus, daß die Gesundheit der Pflanzen unter vielen Bedingungen von der wirksamen Nutzung des verfügbaren Wassers abhängt.

Sehr verlockend mußte es sein, sich in diesem Zusammenhange auch mit dem *Kartoffelpflanzgut* zu befassen. Von RUTH ZWICKER im Rahmen ihrer Dissertation im Jahre 1950 in unserem Institut durchgeführte Untersuchungen brachten überraschende Befunde. Zunächst zeigte es sich, daß die Knollen in ihren Werten der relativen Transpiration sehr beträchtliche Unterschiede aufweisen können. Die Bestimmung der Transpiration erfolgte bisher in verdunkelten Räumen, in denen eine Temperatur von 30° C herrscht. Knollen etwa gleichen Gewichtes (durchschnittlich ungefähr 70 g) werden nach vorheriger Wägung auf Drahtnetze gelegt, wo sie die Möglichkeit haben, frei zu transpirieren. Nach siebentägigem Verbleiben in dem Transpirationsraume wird durch eine weitere Wägung der Gewichtsverlust festgestellt, den die Knollen in diesem Zeitraume erlitten haben. Bezieht man den so erlangten Transpirationswert auf 100 g Knollengewicht, dann erfährt man die relative Transpiration, die nach den vorliegenden Ergebnissen auch bei der Kartoffel einen sehr aufschlußreichen Wert darstellt. Die Messungen wurden stets im Stadium der Keimruhe (etwa Oktober bis Dezember) durchgeführt. Durch die Keimung und die sich dann oft anschließende Entfernung der Keime werden Veränderungen im Stoffwechsel bewirkt. Ein in der Zeit des Verbleibens im Transpirationsraume wider Erwarten beginnendes Austreiben muß Veranlassung sein, die fällige zweite Wägung sofort durchzuführen. Die Werte fußen dann auf dem Gewichtsverlust, den die Knollen in kürzerem Zeitraume (weniger als 7 Tage) erlitten haben.

Wie die vorliegenden Zahlen erkennen lassen, weisen die Knollen in ihrer Transpiration je nach *Sorte* und *Herkunft* Unterschiede auf, die bis 100% und mehr betragen können. Durchgeführte Anbauversuche zeigten, daß eine Beziehung zwischen der Transpirationsintensität der Mutter- und Tochterpflanzen im Hinblick auf die verabreichte *Düngung* besteht. Wurden von verschieden gedüngten Parzellen geerntete Knollen in mit Sand gefüllten Schalen ausgelegt, um in entsprechend warmem Raume etwa 4—5 cm lang aus dem Sand herausragende lichtkeimähnliche Triebe erstehen zu lassen, dann verlief die Transpirationskurve in dem Sinne, wie es von den Mutterpflanzen her bekannt war. Die Anzucht erfolgte bei 60%iger Sättigung der wasserfassenden Kraft. Durch Düngungsmaßnahmen zu niedriger relativer Transpiration gebrachte Pflanzen ergaben Knollen, die Triebe mit gleichfalls niedriger relativer Transpiration erstehen ließen. Das Gegenteil war bei zu hohen Transpirationswerten führenden Düngungsmaßnahmen der Fall. Wurden an *Abbau* erkrankte und abbaufreie Knollen in mit Sand oder mit Boden gefüllten, bei dem oben bereits beschriebenen Feuchtigkeitsgrade gehaltenen Schalen ausgelegt, dann zeigte sich, daß die von je einer Abbauknolle stammenden ganz jungen Triebe bei einzeln durchgeführten Transpirationsmessungen vorwiegend bzw. ausschließlich hohe Werte aufwiesen. Lichtkeime, die ohne Keimmedium lediglich aus in Kästen ausgelegten Knollen gewonnen wurden, zeigten im Rahmen ihres Sortenverhaltens ähnliche Tendenz. Diese Feststellung ist erklärlich, da nach Ermittlungen von KAHO (31, 32) Abbauknollen und Abbaupflanzen über eine größere Permeabilität der Zellen verfügen als gesunde. Wie oben schon in anderem Zusammenhange ausgeführt wurde, kann Krankheit nach CRAFTS, CURRIER und STOCKING (18) träge Reaktion der Stomata auf wechselnde Umwelteinflüsse bewirken. Erhöhte Transpiration ist die Folge. Weiterhin wird von den genannten Autoren dargelegt, daß die Gesundheit der Pflanzen unter vielen Bedingungen von der wirksamen Nutzung des verfügbaren Wasservorrates abhängt. Weitere im Jahre 1950 eingeleitete Untersuchungen galten der Beantwortung der Frage, ob an Hand der Transpirationswerte der Lichtkeime etwa die Auswirkung verschiedener *Behandlung der Knollen*, wie z. B. des Schneidens, zu erkennen ist. Die in dieser Hinsicht aufgenommenen Versuche erstreckten sich auf ganze Knollen sowie auf längsgeschnittene und quergeschnittene, die in leere Vorkeimkästen ausgelegt wurden, um an den Lichtkeimen die Transpirationsintensität messen zu können. Es zeigte sich, daß die aus ganzen Knollen stammenden Lichtkeime niedrige Werte der relativen Transpiration aufwiesen, während das Querschneiden und Längsschneiden in allen Fällen beträchtliche Transpirationssteigerung bewirkte. Verständlicherweise prägte sich die Art der Schnittführung je nach Sorte in verschiedener Weise aus. Ergänzend sei bemerkt, daß es sich bei den in die Untersuchungen einbezogenen Knollen in jedem Falle um Pflanzgut handelte, das im Keller in Lattenkästen flach und gleichmäßig bei einer Temperatur von etwa 4—5° C gelagert worden war und bis zur Einbeziehung in die Versuche keinerlei Keimung aufwies. Ob und inwieweit z. B. aus Mieten entnommenes und vielfach bewegtes und geschütteltes Pflanzgut zu solchen Messungen verwendet werden kann, ist zu ermitteln. Wie orientierende Versuche ergaben, wird auch durch ein in bestimmter Weise durchgeführtes Schütteln von mit Stoffbekleidung versehenen Knollen ein beträchtliches Ansteigen der Werte der relativen Transpiration bewirkt, dem nach einiger Zeit ein Absinken auf den vor dem Schütteln festgestellten Transpirationswert zu folgen pflegt. Je nach Sorte und Herkunft wirkt sich der gleiche Schüttelreiz verschieden nachhaltig auf die Knolle und die daraus hervorgehende Pflanze aus.

Bei Versuchen, in die RUTH ZWICKER auf Anregung von Prof. Dr. MOTHES längsgeschnittene Kartoffelknollen einbezog, zeigte sich, daß das Ausmaß der Wasserabgabe der nach dem Schnitt auf Fließpapier kurz abgetupften Fläche weitere wertvolle Hinweise gibt. Die Knollenhälften werden unmittelbar nach dem Abtupfen der Schnittfläche gemessen und gewogen und dann bei einer Temperatur von 21 bzw. 30° C in Vorkeimkästen oder besser auf Drahtnetzen mit der Schnittfläche nach oben gelagert. Weitere Wägungen werden an mehreren aufeinanderfolgenden Tagen jeweils zur selben Stunde vorgenommen. Der Bezug der Wasserabgabe erfolgt auf die Größe der Schnittfläche, auf das

Ausmaß der Verdunstung einer zur gleichen Zeit exponierten Wasserfläche sowie vor allem auf das Gewicht, so daß sich ein Vergleich der Wasserabgabe verschiedener Knollen durchführen läßt. Wir hoffen, daß auch die so erzielten Befunde dazu beitragen können, manche offene Frage im Kartoffelbau im allgemeinen und im Knollenverhalten im besonderen zu beantworten.

Weitere Untersuchungen galten dem Studium der Auswirkung der eigentlichen *Maßnahmen der Bodenkultur.* Es ist bekannt, daß die jeweils zum Anbau gelangende Pflanzenart unter Berücksichtigung der physikalischen, chemischen und biologischen Beschaffenheit des vorliegenden Bodens ganz bestimmte Anbaumaßnahmen wünscht. Wie sehr sich diese auswirken, erkennt man am besten in Jahren mit ungünstigen Wachstumsverhältnissen. Eine beträchtliche Steigerung von Ertragshöhe und Ertragssicherheit wäre möglich, wenn die verfügbaren Produktionsmittel immer richtig zum Einsatz kämen.

Bei den im einzelnen durchgeführten Untersuchungen studierten wir das Verhalten der Pflanzen unter günstigen und ungünstigen Kulturmaßnahmen. Wir bezogen Böden aus verschiedenen Gegenden Deutschlands, insbesondere auch von Dauerdüngungsversuchen und setzten die in diesen Böden gezogenen Pflanzen verschiedenen Produktionsbedingungen aus. Hierbei fanden wir überraschende *Gesetzmäßigkeiten.* Es konnte festgestellt werden, daß die Pflanzen in ihrer relativen Transpiration in ganz bestimmter Weise auf die Produktionsbedingungen reagieren. Sie empfinden die Maßnahmen als günstig, die auf ökonomische Ausnutzung der Wasservorräte eingestellt sind. Je mehr es infolgedessen z. B. durch Staffelung eines Düngemittels gelingt, die Transpirationsintensität zu senken und je rascher vor allem das Absinken der Werte erfolgt, um so zusagender ist die Kulturmaßnahme. Die Pflanzen streben hinsichtlich der Transpiration die Erreichung eines bestimmten Harmoniepunktes an, der keineswegs unabänderlich festliegt, sondern je nach den sonst gegebenen Bedingungen tiefer oder höher gelagert ist. Von hier aus erfolgt ein Ansteigen der Werte, was gleichbedeutend ist mit einem Nachlassen der günstigen wassersparenden Wirkung. Nicht zusagende Maßnahmen bewirken bei der z. B. in Rede stehenden Staffelung eines Düngemittels eine Zunahme der relativen Transpiration, auf die nach Überschreitung einer gewissen Höchstgrenze ein Absinken zu folgen pflegt, das wir als „Abklingen“ bezeichnen. In manchen Fällen konnten wir eine Steigerung bis zu 100% und mehr ermitteln. Man könnte, bildlich gesprochen, an Fieberzustände und dadurch bedingtes starkes Schwitzen der Pflanzen denken. Unwillkürlich erinnert man sich des Vergleiches, den SACHS (52) aufstellte, als er die Geschwindigkeit der Transpiration in Beziehung brachte zur Geschwindigkeit und Kraft des Pulses. Daß hohe relative Transpiration aufweisende Individuen sich schnell erschöpfen und im Ertrage versagen, ist leicht einzusehen. Wie wir feststellen konnten, geht die durch ungeeignete Kulturmaßnahmen herbeigeführte Steigerung der relativen Transpiration in bestimmten Fällen auch mit der Ausbildung großer und vielfach offener Stomata parallel [ARLAND (6), ENZMANN (20)]. Damit ist natürlich die Pflanze der Gefahr der Austrocknung in ganz besonderem Maße ausgesetzt. Es ist ferner zu berücksichtigen, daß offene Stomata es mancherlei parasitären Pilzen ermöglichen, in das Gewebe einzudringen und so die Pflanze zu infizieren. Zunehmende Anfälligkeit gegen bestimmte Krankheiten, wie z. B. den Rost des Getreides, ist damit gegeben. Sehr zu beachten ist schließlich, daß hohe relative Transpirationswerte zeigende Individuen vor allem leicht im Winter und im zeitigen Frühjahr versagen.

Der Boden ist dann noch gefroren. Die Pflanzen transpirieren bei Sonnenbestrahlung und höheren Temperaturen entsprechend stark, haben aber nicht die Möglichkeit, aus dem gefrorenen Boden Wasser aufnehmen zu können. Sie gehen durch Austrocknung zugrunde [ARLAND (6)].

Die Befürchtung, daß die anzustrebende Verringerung der durch Transpiration (je Gewichtseinheit Pflanzenmasse) abgegebenen Wassermenge mangelnde Versorgung mit Pflanzennährstoffen und damit ein Absinken der Erträge zur Folge haben könnte, trifft nicht zu. Im Gegenteil: Aus Untersuchungen, die in früherer Zeit insbesondere von LIEBSCHER (34), v. SEELHORST (56) und SORAUER (57) und neuerdings außer von uns auch von anderen Forschern [TORNAU und MEYER (65), CHRISTIANSEN-WENIGER (17)] besonders im Zusammenhange mit der Düngung durchgeführt wurden, ergibt sich, daß die Pflanzen mit dem Bodenwasser um so haushälterischer umgehen, je günstiger die Produktionsbedingungen sind [ARLAND (7, 8, 9, 10)]. MITSCHERLICH und BEUTELSPACHER (41) fanden bei ihren Untersuchungen, daß mit der Ertragssteigerung allgemein der Wasserverbrauch je Produktionseinheit fällt. Ihre Feststellungen fußen auf der Ermittlung des Wasserstandes in 0—100 cm Bodentiefe. Sie führen wörtlich aus: „Werden richtige Maßnahmen (Bodenbearbeitung, Stalldüngung, anorganische Düngung . . .) unter klimatisch günstigen Verhältnissen ergriffen, so wird man mit dem gegebenen Bodenwasser um so rationeller wirtschaften, je höher man die Erträge steigert!" Die Pflanzen verbrauchen nach all diesen Feststellungen bei den für sie günstigsten Produktionsbedingungen am wenigsten Wasser je Gewichtseinheit Masse. Sie speichern dadurch Energie und verfügen damit in sich über die Bereitschaft, höchstmögliche Erträge zu bringen.

Die Frage nach der Ursache des oben gekennzeichneten Verhaltens läßt sich derzeit noch nicht endgültig beantworten. Auf Grund der an verschieden alten Pflanzen erzielten gleichlautenden Ergebnisse möchte ich mit BAUMANN (15) und ENZMANN (20) annehmen, daß die junge Pflanze bei einer ihr zusagenden Nährstoffkonzentration, vor allem aber bei einem bestimmten Nährstoffverhältnis ein Konstitutionsoptimum erlangt. Dieses befähigt sie zu rationeller Ausnutzung des ihr zur Verfügung stehenden Wassers. HENKEL (28) weist auf die Bedeutung einer tieferen Erforschung des inneren Mechanismus der Dürreresistenz hin, wobei es gilt, das Augenmerk auf die Kenntnis der Kolloide des Protoplasmas selbst und auf die Besonderheiten der Organisation des Protoplasten zu richten. Auch MICHAEL (40) erachtet das Studium der Plasmastruktur in Verbindung mit der Dürreresistenz und der Stoffaufnahme als wichtig. MOTHES (43) hat sich in sehr eingehender Weise mit dem N-Stoffwechsel höherer Pflanzen befaßt und schreibt: „Es ist kein Zweifel, daß die Eiweiße für die Struktur der lebenden Substanz besondere Bedeutung besitzen. Wir sollten sie aber künftig stärker auch als Lieferanten der Aminosäuren betrachten und nicht umgekehrt lediglich betonen, daß Aminosäuren Bausteine der Eiweiße sind." Er weist auf die Bedeutung hin, welche die Eiweiße als kolloide Träger von Quellungswasser für die Wasserabgabe der normalen und der welkenden Pflanze besitzen und erblickt in diesen Zusammenhängen ein Gebiet, das von der Ökologie bisher völlig vernachlässigt wurde. Nach H. SCHMIDT, K. DIWALD und O. STOCKER (55) wurde die Viskosität des Plasmas bei den resistenten Rassen höher gefunden als bei den empfindlichen, wobei sie „bei Übergang von bewässerter zu Trockenkultur" ansteigt. Höhere Viskosität scheint ein spezifisches Kennzeichen höherer Dürreresistenz zu sein. Bei Volldüngung sinkt bei den Hafersorten „Vienauer" und

„Flämingsgold“ die Wasserpermeabilität beim Übergange zur Trockenkultur. Bei Kalimangel erhöht sich, zumindest in Trockenkultur, für beide Sorten die Wasserpermeabilität gegenüber der bei Volldüngung. Bei Stickstoffmangel ergibt sich — wie bei Kalimangel — gegenüber Volldüngung eine Erhöhung der Wasserpermeabilität, wobei die Befunde auf „Vienauer“ in Trockenkultur fußen. Wenn die Verfasser in diesem Zusammenhange berichten, daß bei Stickstoffmangel innerhalb ein und derselben Pflanze Schwankungen der Zellwerte bis zum Zehn- und Mehrfachen vorkamen und hinzugefügt wird, daß die Streuung der Zahlen vielleicht Ausdruck eines allgemeinen Gesetzes ist, das besagt, daß bei starken Verschlechterungen der Lebensbedingungen die Variabilität der Zellen stark zunimmt, so können wir dem insofern beipflichten, als wir fanden, daß mit zunehmender Ungunst der Umwelt die Streuung der Transpirationswerte zunimmt. Sehr aufschlußreich ist die von HELENE KAHL (30) ermittelte Auswirkung mechanischer Schüttelbewegungen von genügender Frequenz, Amplitude und Dauer auf Struktur und Funktion des pflanzlichen Plasmas. Wie HELENE KAHL ausführt, äußert sich der Schütteleffekt zunächst in einer direkten Wirkung auf die Plasmastruktur. Sie führt wörtlich aus: „Ähnlich wie dies für eine Reihe lebloser Gele bekannt ist, werden durch das Schütteln zahlreiche Haftpunkte des plasmatischen Eiweißgerüstes zerrissen und die Maschen des Netzwerkes aufgeweitet. Als Folge davon beobachteten wir Permeabilitätserhöhung (Rhoeo discolor), Viskositätserniedrigung (Rhoeo discolor), Quellungsförderung (Samen von Soja hispida und Laubblätter von Rhoeo discolor, Taraxacum officinale und Salat) und Transpirationssteigerung (Rhoeo discolor, Taraxacum officinale und Salat)“. Ferner konnte eine starke Steigerung der Atmung und eine starke Hemmung der Assimilation bei Salat festgestellt werden. Hinsichtlich der durch das Schütteln bewirkten Beeinflussung der Transpirationsintensität schreibt HELENE KAHL: „Wie für die Quellung der Eintritt von Wasser in und durch das Eiweißgerüst durch dessen Auflockerung und teilweise Zerreißung gefördert wird, muß für die Transpiration der Austritt erleichtert sein und, sofern die Wasserpermeabilität des Plasmas ein begrenzender Faktor ist, eine Erhöhung derselben bewirken“. In einer Arbeit von O. STOCKER, S. REHM und H. SCHMIDT (58) werden die aufgerollten Zusammenhänge im Hinblick auf die Getreidearten in folgender Weise kurz dargelegt: „Der physiologische Reaktionsmechanismus der Dürreresistenz ist darauf abgestimmt, unter relativer Einschränkung der Transpiration eine relative Steigerung des Assimilationsgewinnes zu erzielen; . . .“. Nach Feststellungen der genannten Autoren (59) gilt dieselbe Formulierung auch für die Zuckerrübe, wenn in Hinsicht auf die bei dieser vorhandenen großen Labilität des Wasserhaushaltes hinzugefügt wird: „und den leicht eintretenden Zusammenbruch des Wasserhaushaltes mit seinen einschneidenden Folgen für die Assimilation zu verhindern“. Nach den genannten Autoren (58) kommt es darauf an, trotz Wassermangels eine zur Sicherung der Fortpflanzung ausreichende Stoffproduktion zu erzielen. Ergänzend sei hinzugefügt, daß es unter Zugrundelegung der in der vorliegenden Arbeit geschilderten Erkenntnisse nunmehr angebracht erscheint, in weitere zellphysiologische Untersuchungen vor allem die Sorten einzubeziehen, von denen im Rahmen der an Freilandpflanzen an möglichst vielen Tagen durchgeführten Transpirationsmessungen bekannt geworden ist, daß sie hohe bzw. niedrige Werte der relativen Transpiration aufzeigen. Die für die Untersuchungen erforderlichen Pflanzen würden den betreffenden Parzellen in größerer Zahl zu entnehmen sein. Ferner wäre es sehr empfehlenswert, im Rahmen von Düngermangel- oder Düngerstaffelungsversuchen bei Anzucht in Schalen bzw. im Freilande besonders die Pflanzen zu berücksichtigen, die sich durch hohe bzw. niedrige Werte der relativen Transpiration auszeichnen.

Eine der wichtigsten Maßnahmen der Bodenkultur besteht zunächst in der richtigen *Wahl der Bodenart*. Es ist bekannt, daß diese für das Gedeihen der Kulturen ausschlaggebende Bedeutung hat. Von uns eingeleitete Untersuchungen ergaben, daß manche Böden die auf ihnen erstandenen Pflanzen weit weniger transpirieren lassen als andere. Mit Gerste in mehreren Reihen auf schweren, mittleren und leichten Böden durchgeführte Versuche zeigten, daß sich die auf mittlerem Boden gezogenen Individuen durch geringste relative Transpiration auszeichneten. Die von dem schweren Boden stammenden wiesen höhere Transpirationswerte auf. Die Ökonomie der Wassernutzung war demnach ungünstig. Ähnlich hoch liegen oft die Transpirationswerte der Pflanzen, die von Sandboden stammen. Das Versagen auf leichtem, ärmerem Boden war bisher außer auf die Armut an Nährstoffen auf die hohe Wasserabgabe dieser Böden zurückgeführt worden. Aus unseren Befunden geht hervor, daß auf solchen Böden erstandene Individuen je Gewichtseinheit grüner Masse stark transpirieren. Man könnte auch im vorliegenden Falle im Sinne des bereits geschilderten Vergleiches an einen „Fieberzustand" denken. Daß solche Pflanzen im Ertrage versagen müssen, ist leicht einzusehen.

Soweit die bisher vorliegenden Untersuchungsbefunde erkennen lassen, nimmt die relative Transpiration bei der zum Anbau gelangten Pflanzenart mit abnehmender Eignung des Bodens zu. Bestätigen dies weitere, noch zu erwartende Versuchsergebnisse, dann wäre zu erwägen, die Anbaueignung des jeweils vorliegenden Bodens für Pflanzen gewisser Art und Sorte unter Berücksichtigung der relativen Transpiration festzustellen. Die Umweltbedingungen könnten hierbei in bestimmter Weise gestaltet werden. Entscheidend wäre die Fähigkeit der Pflanze, mit dem Wasser haushälterisch umzugehen. Interessant ist, daß FRECKMANN und BAUMANN (21) beim Beschreiten eines anderen Weges ebenfalls zu der Feststellung gelangten, daß die Böden mit dem Wasser sehr verschieden wirtschaften. Sie ermittelten den durch den Pflanzenanbau bedingten Wasserverlust aus 0—80 bzw. 85 cm Bodentiefe. Weitere Untersuchungen werden ergeben, ob und inwieweit die relative Transpiration unter sonst gleichen Bedingungen etwa zur *Wertung der Böden* und zur *Ermittlung der Ertragsfähigkeit* herangezogen werden kann. In diesem Zusammenhange erstmalig von ENZMANN (20) in unserem Institut an Hand von vier verschieden fruchtbaren Böden durchgeführte Untersuchungen brachten den Befund, daß sich aus den Werten der Transpirationsintensität auf die Güte und Fruchtbarkeit des jeweiligen Bodens schließen läßt. Die Böden wurden zu gleicher Zeit mit Pflanzen beschickt, die unter denselben Umweltbedingungen wuchsen und zur gleichen Stunde auf ihre Transpirationsintensität geprüft wurden. Während 100 kg grüne Masse von Schwarzerdeboden in 30 Minuten 6,4 kg Wasser in Dampfform abgaben, verbrauchte auf anderen Böden erwachsene Pflanzenmasse entsprechend der nachlassenden Bodengüte 8,5 kg bzw. 11,8 kg und schließlich auf dem schlechtesten, strukturlosen Boden 12,9 kg Wasser.

Weitere Untersuchungen hätten der Frage zu gelten, ob und inwieweit sich die *Vorfrucht* auf die relative Transpiration der Nachfrucht auswirkt. Die Bedeutung derartiger Feststellungen geht schon daraus hervor, daß durch sachgemäße Fruchtfolge manche Düngeraufwendung und Pflegemaßnahme erspart werden kann, wobei zunächst von dem je nach Vorfrucht verschieden starken Wasserentzug abgesehen werden soll

[ROEMER (51)]. Experimentelle Ermittlungen gelangten in dieser Hinsicht erstmalig von WAHN (66) zur Durchführung, der im Institut für Acker- und Pflanzenbau der Universität Halle/Saale die Wirkung verschiedener Vorfrüchte auf die relative Transpiration von Roggen als Nachfrucht studierte und in seine Untersuchungen als Vorfrüchte Getreide (Gerste), Gemenge (Gerste-Wicken bzw. -Erbsen) und Leguminosen (Wicken, Erbsen) einbezog. WAHN (66) kommt zu folgendem Befund: „Die Ergebnisse der Transpirationsbestimmung bestätigen in eindrucksvoller Weise die in der Landwirtschaft allgemein bekannten Erfahrungen und Erkenntnisse hinsichtlich des Vorfruchtwertes einzelner Kulturarten.“ Er fügt hinzu, daß die durch die Anwelkmethode ermittelten Ergebnisse den eindeutigen Beweis für den guten Vorfruchtwert der Leguminosen bringen, der sich in einer bei Wicken- bzw. Erbsenvorfrucht um 10—12% niedrigeren relativen Transpiration der Nachfrucht gegenüber Getreide-, in diesem Falle Gerstenvorfrucht ausdrückt. Der relative Wasserverbrauch des Roggens nach Gemengevorfrucht liegt etwa in der Mitte zwischen Leguminosen- und Getreidevorfrucht, wobei die Erbsen als Rein- und Gemengesaat günstiger wirkten als die Wicken.

Bei den Untersuchungen, die sich mit der Ermittlung des Einflusses der *Bodenbearbeitung* befaßten, konnten wir feststellen, daß sich diese in beträchtlichem Umfange auf die relative Transpiration der Pflanzen auswirkt. Der Grund hierfür ist darin zu erblicken, daß das jeweilig herbeigeführte Gefüge gewisse physikalische, chemische und biologische Bedingungen schafft, auf die die Pflanze in ganz bestimmter Weise reagiert. Untersuchungen ergaben, daß sich z. B. ein in unsere Arbeiten einbezogener bindiger Boden (schwach humoser Lehm) für Lockerungsmaßnahmen besonders dankbar zeigte. Die Transpirationsintensität der auf gelockertem Boden gezogenen und im Vierblattstadium geprüften jeweils 60 Individuen je Strukturart erwies sich geringer als jene der auf festem Boden erwachsenen Pflanzen.

Einfluß des Gefüges von schwach humosem Lehmboden auf die relative Transpiration von jungen, 5 Blätter aufweisenden und in Gefäßen gezogenen Sommergerstenpflanzen

Gefäß	Anzahl der Pflanzen	Bodengefüge	Transpirierende Pflanzenmasse in g	Transpirierende Pflanzenmasse in Relativzahlen	Die in 30 Minuten transpirierte Wassermenge (Welkeverlust) in g	Relative Transpiration in %	Relative Transpiration p	Relative Transpiration in Relativzahlen
1—2	60	locker	52,23	100	4,96	9,50	—	100
3—4	60	fest	40,30	77	4,33	10,74	< 0,1	113

Wir unterließen es auch nicht, unseren Arbeiten Böden zugrunde zu legen, die so wenig bindig waren, daß eine weitere Lockerung eine Verschlechterung des Standortes mit sich brachte. Eine Steigerung der relativen Transpiration trat in Erscheinung. Durch Festigung des Bodens wurden die gewünschten optimalen Bedingungen im Sinne einer erheblichen Verringerung der relativen Transpiration herbeigeführt. Diese Feststellungen bestätigen die Erkenntnis, daß die Eigenart jedes Bodens eine individuelle Behandlung verlangt [ARLAND (9)].

Wie nicht anders zu erwarten war, ergab sich weiterhin, daß die *Auswirkung der einzelnen Pflanzennährstoffe* auf die relative Transpiration der Pflanzen beträchtlich ist. Wir konnten bei den Kernnährstoffen besonders dann Wassereinsparung feststellen, wenn die Düngung „harmonisch“ erfolgt und „Einseitigkeit“ vermieden wird. Durch Verabreichung bestimmter Mengen von Düngemitteln ließ sich in vielen Fällen eine Senkung der relativen Transpiration im Ausmaße von 20—30% und mehr erzielen. Daß sich dies ertragsmäßig sehr günstig auswirkt, ist leicht einzusehen. Einseitige Düngungsmaßnahmen führten eine Steigerung der relativen Transpiration bis zu 100% und mehr herbei. Die Pflanzen gehen mit dem Bodenwasser um so haushälterischer um, je mehr die getroffenen Maßnahmen auf den derzeit höchstmöglichen Ertrag eingestellt sind. Richtig eingesetzte Düngermengen bewirken, daß das Bodenwasser rationell verwertet wird.

Der *Stickstoff* steigert die relative Transpiration, wenn man ihn „einseitig“, also ohne Beigabe der etwa sonst noch erforderlichen Nährstoffe wie Phosphorsäure, Kali oder Kalk verabreicht. [Vgl. auch WAHN (66).] Wird dem Boden jedoch neben den gestaffelten Stickstoffgaben gleichzeitig das an Pflanzennährstoffen geboten, was ihm sonst noch fehlt, wird „harmonisch“ gedüngt, dann wirkt sich die gleiche Stickstoffgabe günstig aus, indem sie eine Senkung der Werte der relativen Transpiration herbeiführt (Beispiel 1). Die Untersuchungen zeigten ferner, daß die durch einseitige Stickstoffgaben bewirkte Steigerung der relativen Transpiration mit der Ausbildung großer und vielfach offener Stomata parallel geht [ARLAND (6)]. Abgesehen davon, daß die Pflanze, wie oben schon ausgeführt wurde, dann der Austrocknung in ganz besonderem Maße ausgesetzt ist, gilt es zu berücksichtigen, daß für Pflanzen mit geöffneten Spalten erhöhte Gefahr einer Infektion besteht: Einer Reihe parasitärer Pilze wird ein leichteres

---

Beispiel 1

Einfluß von Stickstoffgaben auf die relative Transpiration von Sommergerste

A. Allgemeine Versuchsangaben

Bodenbeschaffenheit ...	Humusarmer, sandiger Lehm	Tag der Auswertung ...	9. 5. 1950
Wasserkapazität	34,9%	Alter der Pflanzen am Tage der Auswertung ..	23 Tage
Herkunft des Bodens ..	Leipzig-Probstheida	Stand der Pflanzen am Tage der Auswertung ...	Normal
pH/KCl (bestimmt auf elektrometrischem Wege)	7,3	Durchschnittliche Länge der Pflanzen	25 cm
Phosphorsäure in wurzellösl. Form	26,0 mg	Zahl der Blätter	Basalblatt + 3
Kali in wurzellösl. Form	16,0 mg	Krankheitsbefall	—
Sättigung der Wasserkapazität	60%	Temperatur am Tage der Auswertung im Versuchsraum im Durchschnitt ..	28° C
Versuchspflanze	Sommergerste (Bernburger)	RelativeLuftfeuchtigkeit am Tage der Auswertung im Versuchsraum im Durchschnitt	85%
Aussaat	11. 4. 1950		
Aufgang	16. 4. 1950		

Eindringen in den pflanzlichen Organismus ermöglicht. Dadurch erweist sich die Pflanze als weniger widerstandsfähig gegen gewisse Krankheiten, wie z. B. den Rost des Getreides. Nicht unerwähnt soll bleiben, daß es gerade auch bei Stickstoff neben der Einhaltung der richtigen Menge sehr auch auf sachgemäße Wahl des Düngemittels ankommt. Die Pflanzen sind je nach der vorliegenden Bodenart und Bodenbeschaffenheit auf Stickstoffdüngemittel ganz bestimmter Art angewiesen [ARLAND (13)].

B. Ergebnisse der Transpirationsbestimmung

Schale	Anzahl der Pflanzen	Düngung in kg/ha			Transpirierende Pflanzenmasse in		Die in 30 Minuten transpirierte Wassermenge (Welkeverlust) in g	Relative Transpiration		
		N	P_2O_5	K_2O	g	Relativzahlen		in %	p	in Relativzahlen
1	60	0	0	0	22,37	100	2,03	9,07	—	100
2	60	16	0	0	29,60	132	2,64	8,92	27,0	98
3	60	32	0	0	37,90	169	3,59	9,47	5,8	104
4	60	48	0	0	44,09	197	4,36	9,89	1,1	109
5	60	64	0	0	48,33	216	5,04	10,43	0,1	115
6	60	0	54	80	27,04	100	1,92	7,10	—	100
7	60	16	54	80	36,67	136	2,48	6,76	4,8	95
8	60	32	54	80	45,68	169	2,78	6,09	0,3	86
9	60	48	54	80	51,66	191	3,55	6,87	25,5	97
10	60	64	54	80	55,11	204	4,16	7,55	5,3	106

C. Graphische Darstellung der Ergebnisse

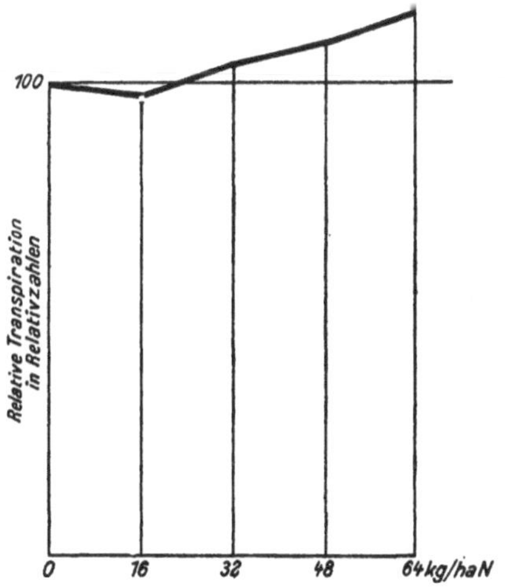

Ohne Beidüngung

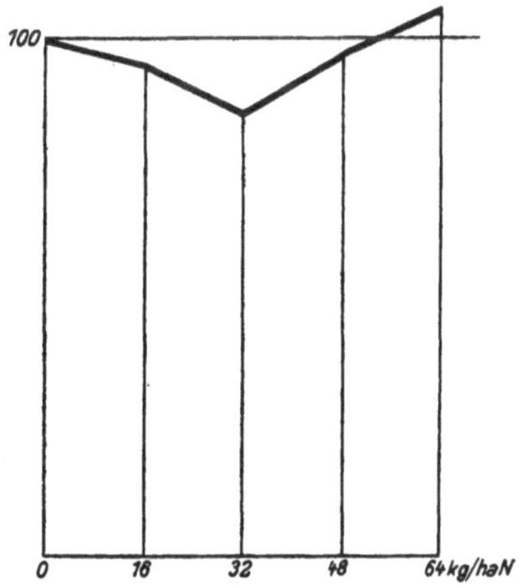

Mit Beidüngung:
54 kg/ha P_2O_5
80 kg/ha K_2O

Wenn die eben geschilderten Befunde schließlich auch nur die Erkenntnis bestätigen, daß einseitige Stickstoffdüngung auf bestimmten Böden von Nachteil sein kann, so gelangte CHARLOTTE ENZMANN bei ihren hinsichtlich der *Phosphorsäure* im Institut für Tierernährung und Bodenkunde der Deutschen Akademie der Landwirtschaftswissenschaften, Abteilung Pflanzenbau, in Leipzig-Möckern durchgeführten Untersuchungen zu der Feststellung, daß sich auch dieser Pflanzennährstoff bei Verabreichung einseitiger Gaben auf gewissen Böden ungünstig äußert. Die Befunde gelangen in Kürze zur Veröffentlichung. Bekannt ist, daß besonders auch im Zusammenhange mit der Phosphorsäuredüngung der Kalkzustand Beachtung verdient. Saure Böden sind erst nach erfolgter *sachgemäßer* Kalkung mit Phosphorsäure zu düngen, da sonst Festlegung erfolgt und die Wirkung ausbleibt. Von Bedeutung ist ferner die Erkenntnis, daß es falsch ist, stark phosphorsäurearme Böden mit nur kleinen Mengen von Phosphorsäure zu düngen. Gaben unter 30 kg/ha P_2O_5 werden in solchen Fällen gewöhnlich adsorbiert. Wenn nur geringe Phosphorsäuremengen zur Verfügung stehen, gilt es, diese erst auf weniger verarmte Böden auszubringen, auf denen die Pflanzen den Aufwand in höherem Maße lohnen. Entscheidend ist die Wirkung. Diese nimmt zu, wenn das entsprechende Phosphorsäuredüngemittel den Pflanzen in Wurzelnähe geboten wird [ARLAND (13)].

Aus Beispiel 2 wird ersichtlich, wie stark auf dem vorliegenden gut gepufferten, phosphorsäurearmen Boden schon geringe P_2O_5-Gaben die Werte der relativen Transpiration senken.

Beispiel 2

Einfluß von Phosphorsäuregaben auf die relative Transpiration von Hafer

A. Allgemeine Versuchsangaben

Bodenbeschaffenheit ...	Schwach humoser Lehm	Tag der Auswertung ...	4. 12. 1950
Wasserkapazität	52,4 %	Alter der Pflanzen am Tage der Auswertung ..	42 Tage
Herkunft des Bodens ...	Zwenkau bei Leipzig	Stand der Pflanzen am Tage der Auswertung ..	Normal
pH/KCl (bestimmt auf elektrometrischem Wege)	7,1	Durchschnittliche Länge der Pflanzen	25 cm
Phosphorsäure in wurzellösl. Form	1,6 mg	Zahl der Blätter	Basalblatt + 3
Kali in wurzellösl. Form	21,5 mg	Krankheitsbefall.......	—
Sättigung der Wasserkapazität	60 %	Temperatur am Tage der Auswertung im Versuchsraum im Durchschnitt .	23° C
Versuchspflanze	Hafer (Flämingsgold)	Relative Luftfeuchtigkeit am Tage der Auswertung im Versuchsraum im Durchschnitt	80 %
Aussaat	17. 10. 1950		
Aufgang.............	23. 10. 1950		

B. Ergebnisse der Transpirationsbestimmung

Schale	Anzahl der Pflanzen	Düngung in kg/ha			Transpirierende Pflanzenmasse in		Die in 30 Minuten transpirierte Wassermenge (Welkeverlust) in g	Relative Transpiration		
		N	P_2O_5	K_2O	g	Relativzahlen		in %	p	in Relativzahlen
1	60	40	0	80	15,61	100	1,02	6,53	—	100
2	60	40	27	80	19,25	123	1,05	5,45	1,9	83
3	60	40	54	80	18,72	120	0,98	5,24	1,8	80
4	60	40	81	80	18,46	118	0,96	5,20	3,0	80
5	60	40	108	80	19,69	126	1,01	5,13	2,1	79

C. Graphische Darstellung der Ergebnisse

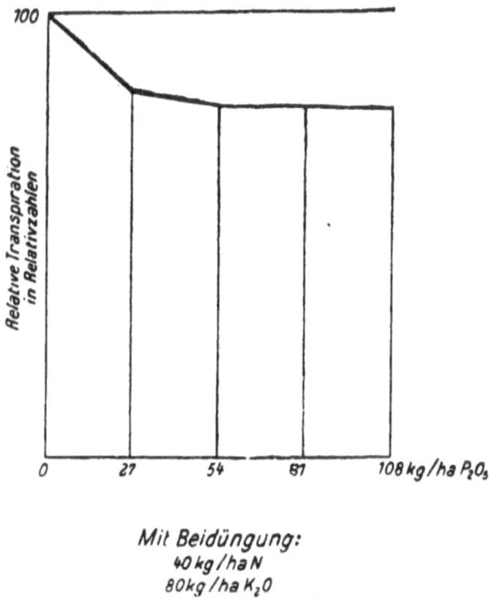

Ganz besonders auffallend ist die Auswirkung des Nährstoffes *Kali*. Dieser äußerte sich bei den von uns bisher durchgeführten Versuchen fast in allen Fällen transpirationssenkend. Das Ausmaß war je nach Boden und Pflanzenart verschieden. Es betrug bei jungen Getreidepflanzen im Durchschnitt von 34 Versuchen 26%. Die Wirkung erhöhte sich, wenn auf die je nach Boden und Pflanzenart sonst noch erforderliche Beidüngung in Gestalt der Zufuhr anderer Pflanzennährstoffe geachtet wurde. Von besonderem Interesse war, daß sich z. B. Kainit auf bestimmten in die Untersuchungen einbezogenen Böden, wie etwa den humusreichen der Umgebung von Pegau, bedeutend günstiger und nachhaltiger auswirkte als das 40%ige oder 50%ige Kalisalz. In Beispiel 3 fällt auf, daß die in Form von Kainit verabreichten 40 kg Reinkali eine stärkere Transpirationssenkung herbeiführten als die in Form von 50%igem Kalisalz gegebenen 160 kg, ganz abgesehen von dem Tatbestand, daß sich die Kalidüngung trotz des auffallend hohen Gehaltes an wurzellöslichem Kali sehr günstig auswirkt. Beispiel 4 zeigt bessere Bewährung des hochprozentigen Kalisalzes auf. Daraus geht hervor, daß es nicht nur darauf ankommt, die Reinnährstoffe zu berücksichtigen, sondern daß es von großer praktischer Bedeutung ist, die jeweilige Wirkung der *Düngemittel* in Betracht zu ziehen. Diese sind dem Boden so zeitgerecht vor der Saat zuzuführen, daß die erforderliche Umsetzung gewährleistet ist. Wir konnten feststellen, daß insbesondere in größeren Gaben verabreichte Kalirohsalze bei unmittelbar vor der Saat bewirkter Einbringung sich transpirationssteigernd äußern, während dieselben Mengen die Transpirationsintensität erheblich mindern, wenn für rechtzeitige Düngung Sorge getragen wird. Schlechte Erfahrungen mit Rohsalzen beruhen oft auf falscher Anwendung. Rohsalze sind insbesondere dann, wenn es sich um größere Gaben handelt, mehrere Wochen vor der Aussaat entsprechend tief unterzubringen. Auf mittleren und schweren Böden wird zu erwägen sein, die Unterbringung auch für Frühjahrssaaten im Herbst durch Einpflügen zu bewerkstelligen. Einen besonderen Hinweis verdient die Feststellung, daß oft auch die Pflanzen der Böden auf Kaligaben anzusprechen pflegen, die sich nach den chemischen Methoden der Bodenuntersuchung oder nach der Keimpflanzenmethode von NEUBAUER als gut mit diesem Nährstoff versorgt erwiesen. Unterbleibt auf Grund der mit den genannten Methoden durchgeführten Bodenuntersuchung die Düngung mit Kali, dann entgeht dem Anbauer die Ertragssteigerung, die ohne weiteres erzielt werden könnte, wenn man die Pflanzen auf dem Wege der Transpirationsmessung befragen würde. Daß sich die sehr oft festgestellte transpirationssenkende Wirkung des Nährstoffs Kali auch in einer Verbesserung der Winter- und Frühjahrsfestigkeit der Pflanzen auswirken kann, ist sehr naheliegend. Dasselbe gilt für die Verringerung der Anfälligkeit gegen Rost und Mehltau [ARLAND (6)].

Beispiel 3

Einfluß von Kaligaben auf die relative Transpiration von Sommergerste

A. Allgemeine Versuchsangaben

Bodenbeschaffenheit ...	Humoser Lehm	Tag der Auswertung ...	22. 10. 1949
Wasserkapazität	41,6%	Alter der Pflanzen am Tage der Auswertung ..	25 Tage
Herkunft des Bodens ..	Pegau bei Leipzig	Stand der Pflanzen am Tage der Auswertung ..	Normal
pH/KCl (bestimmt auf elektrometrischem Wege)	7,1	Durchschnittliche Länge der Pflanzen	30 cm
Phosphorsäure in wurzellösl. Form	3,8 mg	Zahl der Blätter	Basalblatt + 3
Kali in wurzellösl. Form	40,0 mg	Krankheitsbefall.......	—
Sättigung der Wasserkapazität	60%	Temperatur am Tage der Auswertung im Versuchsraum im Durchschnitt ..	28° C
Versuchspflanze	Sommergerste (Bernburger)	Relative Luftfeuchtigkeit am Tage der Auswertung im Versuchsraum im Durchschnitt	61%
Aussaat	23. 9. 1949		
Aufgang	27. 9. 1949		

B. Ergebnisse der Transpirationsbestimmung

Schale	Anzahl der Pflanzen	Düngung in kg/ha: N	Düngung in kg/ha: P_2O_5	Düngung in kg/ha: K_2O 50 %iges Kalisalz	Düngung in kg/ha: K_2O Kainit	Transpirierende Pflanzenmasse in g	Transpirierende Pflanzenmasse in Relativzahlen	Die in 30 Minuten transpirierte Wassermenge (Welkeverlust) in g	Relative Transpiration in %	Relative Transpiration p	Relative Transpiration in Relativzahlen
1	60	32	36	0	0	26,90	100	1,54	5,72	—	100
2	60	32	36	40	0	26,65	99	1,51	5,67	77,9	99
3	60	32	36	80	0	26,79	100	1,25	4,67	0,6	82
4	60	32	36	120	0	28,11	104	1,30	4,62	0,3	81
5	60	32	36	160	0	26,49	98	1,13	4,27	$<0{,}1$	75
6	60	32	36	0	0	27,52	100	1,75	6,36	—	100
7	60	32	36	0	40	27,02	98	1,24	4,59	21,3	72
8	60	32	36	0	80	24,28	88	1,22	5,02	0,5	79
9	60	32	36	0	120	24,64	90	1,16	4,71	0,2	74
10	60	32	36	0	160	18,19	66	0,76	4,18	$<0{,}1$	66

C. Graphische Darstellung der Ergebnisse

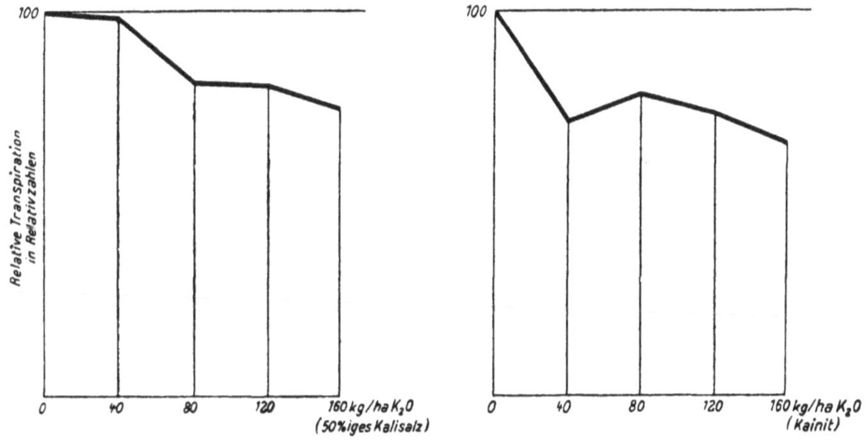

Mit Beidüngung:
32 kg/ha N
36 kg/ha P_2O_5

Beispiel 4

Einfluß von Kaligaben auf die relative Transpiration von Wintergerste

A. Allgemeine Versuchsangaben

Bodenbeschaffenheit ...	Schwach humoser Lehm
Wasserkapazität	52,4 %
Herkunft des Bodens ..	Zwenkau bei Leipzig
pH/KCl (bestimmt auf elektrometrischem Wege)	7,1
Phosphorsäure in wurzellösl. Form	1,6 mg
Kali in wurzellösl. Form	21,5 mg
Sättigung der Wasserkapazität	60 %
Versuchspflanze	Wintergerste (Kalkreuther Frühe)
Aussaat	14. 9. 1949
Aufgang	18. 9. 1949
Tag der Auswertung ...	19. 10. 1949
Alter der Pflanzen am Tage der Auswertung ..	31 Tage
Stand der Pflanzen am Tage der Auswertung ..	Normal
Durchschnittliche Länge der Pflanzen	30 cm
Zahl der Blätter	Basalblatt + 3
Krankheitsbefall.......	—
Temperatur am Tage der Auswertung im Versuchsraum im Durchschnitt ..	29° C
Relative Luftfeuchtigkeit am Tage der Auswertung im Versuchsraum im Durchschnitt	64 %

B. Ergebnisse der Transpirationsbestimmung

Schale	Anzahl der Pflanzen	Düngung in kg/ha				Transpirierende Pflanzenmasse in		Die in 30 Minuten transpirierte Wassermenge (Welkeverlust) in g	Relative Transpiration		
		N	P_2O_5	K_2O 50 %iges Kalisalz	K_2O Kainit	g	Relativzahlen		in %	p	in Relativzahlen
1	60	32	36	0	0	16,63	100	1,25	7,52	—	100
2	60	32	36	40	0	17,49	105	1,10	6,29	8,1	84
3	60	32	36	80	0	18,66	112	1,14	6,11	0,8	81
4	60	32	36	120	0	17,72	107	1,09	6,15	1,0	82
5	60	32	36	160	0	16,60	100	0,95	5,72	1,2	76
6	60	32	36	0	0	18,11	100	1,48	8,17	—	100
7	60	32	36	0	40	19,35	107	1,52	7,86	26,6	96
8	60	32	36	0	80	20,02	111	1,44	7,19	1,2	88
9	60	32	36	0	120	18,40	102	1,27	6,90	< 0,1	84
10	60	32	36	0	160	18,03	100	1,29	7,15	9,5	88

C. Graphische Darstellung der Ergebnisse

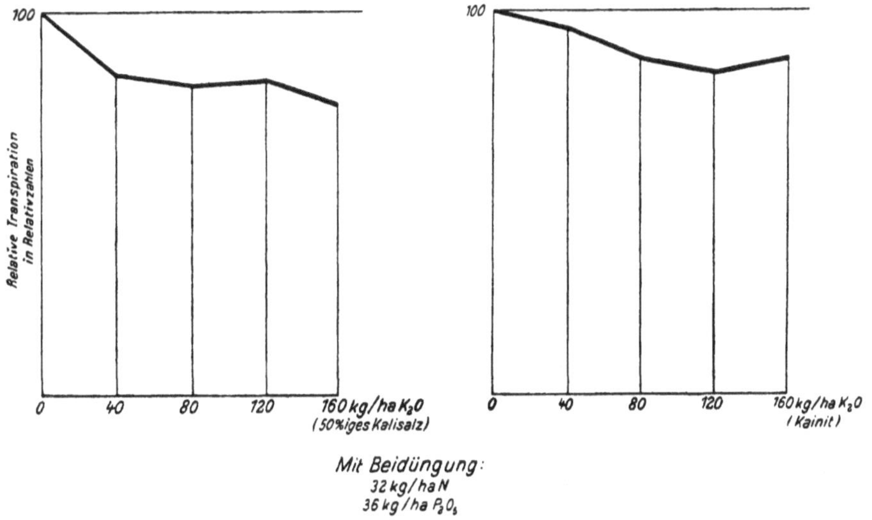

Magnesia-Düngungsversuche, die im Rahmen unserer Institutsarbeit von D. EBERT, J. ENZMANN, G. HORNY und E. MOTHES und im Zusammenhange mit der Wirkung der Kalisalze von GISELA KRISCHE und HERTA STEINER durchgeführt wurden, brachten das Ergebnis, daß die Pflanzen Magnesiamangel verhältnismäßig selten in ihrem Aussehen zu erkennen geben. Nur bei extremem Mangel an Magnesia tritt das Fehlen sichtbar in Erscheinung. Die Versuche zeigten ferner auf, daß die Transpirationsintensität auch durch diesen Pflanzennährstoff wesentlich beeinflußt werden kann. Von den zur Untersuchung herangezogenen Bodenarten wirkte sich Magnesiadüngung außer auf den austauschsauren, leichten Böden insbesondere auf sauren, humusarmen Auelehmböden und auf humosen Böden vorteilhaft aus. Die weitverbreitete Ansicht, daß leichte, saure Böden auf Düngung mit Magnesia günstig anzusprechen pflegen, fand ihre Bestätigung. Die hier auftretenden, gewöhnlich als Säureschäden angesprochenen Erscheinungen sind vielfach in Wirklichkeit Folge von Magnesiamangel. Wenn man auch diese Schäden durch Kalkung beheben kann, so geht doch diese Maßnahme auf Kosten des an und für sich geringen Magnesiagehaltes dieser Böden. Es verdient daher in solchen Fällen Magnesiadüngung besondere Beachtung, namentlich dann, wenn aus irgendwelchen Gründen eine ausreichende Kalkung des vorliegenden Bodens nicht möglich ist [ARLAND (13)]. Auch auf gewissen mittleren und schweren, in einwandfreiem Kalkzustande befindlichen Böden konnte gute Wirkung festgestellt werden. Von Bedeutung ist ferner der Befund, demzufolge sich die Magnesiagabe dann stärker äußert, wenn für entsprechende Kalibeidüngung Sorge getragen wird. Sehr bemerkenswert ist auch die Feststellung, daß Magnesiadüngung eine Mobilisierung bzw. verstärkte Aufnahme der Boden- und Düngerphosphorsäure bewirken kann. Hinsichtlich der Höhe der Magnesiumsulfatgaben ließen die Versuche erkennen, daß im Durchschnitt 25 bzw. 50 kg/ha etwa vorhandenen Magnesiamangel beseitigen. Auf Böden, die ausreichend mit Magnesia versorgt sind, können diese Gaben bereits zu beachtlicher Steigerung der Transpirationsintensität führen.

Beispiel 5 zeigt die günstige Auswirkung der auf dem vorliegenden humosen Lehmboden verabfolgten $MgSO_4$-Gaben auf. Bei gleichzeitig verabreichter Beidüngung ist die Senkung der Werte der relativen Transpiration eine bedeutend stärkere. Wie wir feststellen konnten, gelangt die Düngerphosphorsäure in um so stärkerem Maße zur Aufnahme, je mehr sich die $MgSO_4$-Gabe transpirationssenkend auswirkt.

Beispiel 5

Einfluß von Magnesiagaben auf die relative Transpiration von Sommergerste

A. Allgemeine Versuchsangaben

Bodenbeschaffenheit ...	Humoser Lehm	Tag der Auswertung ...	17. 5. 1949
Wasserkapazität	40,0%	Alter der Pflanzen am Tage der Auswertung ..	24 Tage
Herkunft des Bodens ...	Pegau bei Leipzig	Stand der Pflanzen am Tage der Auswertung ..	Normal
pH/KCl (bestimmt auf elektrometrischem Wege)	6,6	Durchschnittliche Länge der Pflanzen	27 cm
Phosphorsäure in wurzellösl. Form	6,4 mg	Zahl der Blätter	Basalblatt + 3
Kali in wurzellösl. Form	27,5 mg	Krankheitsbefall.......	—
Sättigung der Wasserkapazität	60%	Temperatur am Tage der Auswertung im Versuchsraum im Durchschnitt ..	29° C
Versuchspflanze	Sommergerste (Bernburger)	Relative Luftfeuchtigkeit am Tage der Auswertung im Versuchsraum im Durchschnitt	70%
Aussaat	20. 4. 1949		
Aufgang	23. 4. 1949		

B. Ergebnisse der Transpirationsbestimmung

Schale	Anzahl der Pflanzen	Düngung in kg/ha				Transpirierende Pflanzenmasse in		Die in 30 Minuten transpirierte Wassermenge (Welkeverlust) in g	Relative Transpiration		
		N	P_2O_5	K_2O	$MgSO_4$	g	Relativzahlen		in %	p	in Relativzahlen
1	60	0	0	0	0	32,54	100	2,35	7,22	—	100
2	60	0	0	0	12,5	32,67	100	2,35	7,19	92,0	100
3	60	0	0	0	25	33,54	103	2,39	7,13	64,4	99
4	60	0	0	0	50	33,85	104	2,25	6,65	1,6	92
5	60	0	0	0	100	32,86	101	2,57	7,82	11,6	108
6	60	32	54	80	0	52,61	100	3,54	6,73	—	100
7	60	32	54	80	12,5	53,49	102	3,47	6,49	$<0,1$	96
8	60	32	54	80	25	54,78	104	3,15	5,75	$<0,1$	85
9	60	32	54	80	50	53,62	102	2,59	4,83	$<0,1$	72
10	60	32	54	80	100	51,24	97	4,47	8,72	0,9	130

C. Graphische Darstellung der Ergebnisse

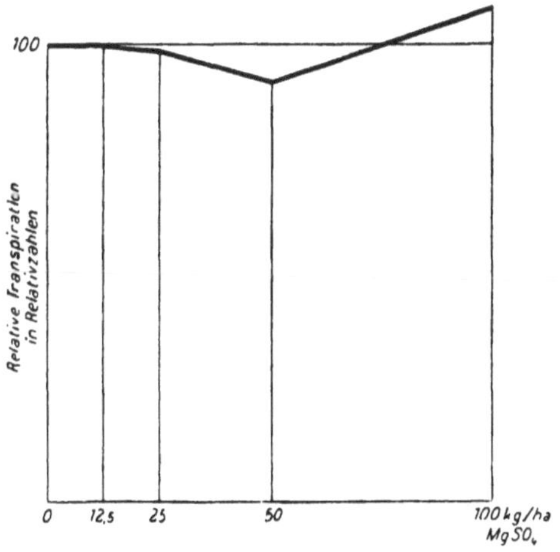

Ohne Beidüngung

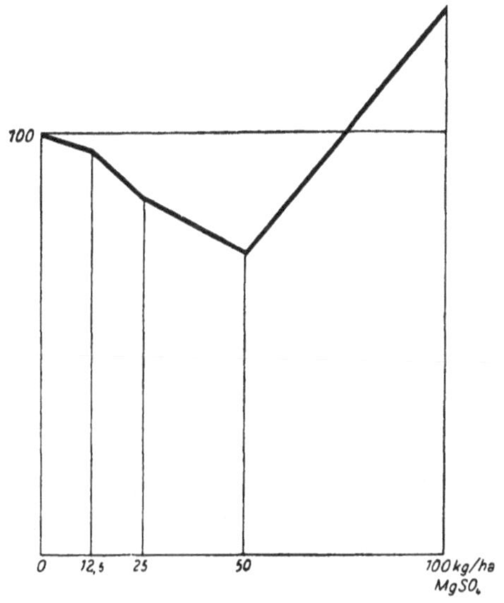

Mit Beidüngung:
32 kg/ha N
54 kg/ha P_2O_5
80 kg/ha K_2O

Äußerst aufschlußreich erwiesen sich die Befunde, die bei den von Enzmann (20) in unserem Institute mit *Kalk* durchgeführten Düngungsversuchen erzielt wurden. Auch in diesem Zusammenhange zeigten sich oft die sehr ungünstigen Folgen einseitiger Gaben (Beispiel 6). Begriffe wie „Vorratkalkung“ und „Gesundungskalkung“ sollten aus dem Sprachgebrauche entfernt werden. Entscheidend ist die Auswirkung auf die Pflanze.

Im einzelnen wurde festgestellt, daß der Einfluß des Kalkes auf die Transpirationsintensität der Pflanzen „keineswegs spezifisch, d. h. nur fördernd oder nur hemmend ist. Von ausschlaggebender Bedeutung für die Wirkungsweise des Kalkes sind Reaktion, Humuszustand und Nährstoffgehalt des Bodens. Eine Transpirationssenkung durch Kalkgaben konnte vor allem auf sauren Böden festgestellt werden. Das größte Ausmaß der Wassereinsparung von 30% wurde bisher auf einem sauren, humusarmen Lehm mit einer Gabe von 1200 kg/ha CaO erzielt. Auf anderen Böden führten die Kalkgaben oft zu einer beträchtlichen Steigerung der relativen Transpiration. So bewirkte eine Düngung mit 2400 kg/ha CaO auf einem neutralen, humusarmen, sandigen Lehmboden die gewaltige Erhöhung der relativen Transpiration um 145% gegenüber ‚ohne Kalk‘“ [Enzmann (20)]. Wie schon in anderem Zusammenhange ausgeführt wurde, fand Enzmann, daß Pflanzen, deren Transpirationsintensität als Folge bestimmter Kalkgaben hoch war, in verstärktem Maße unter Mehltaubefall litten. Hinsichtlich des Ausmaßes der Kalkdüngung lassen die Versuchsergebnisse erkennen, daß der Wasserhaushalt der Pflanzen, sofern überhaupt Bedarf an Kalk vorhanden ist, vorwiegend durch geringere Gaben (6—8 dz/ha CaO) günstig beeinflußt wird. Besondere Vorsicht ist bei leichten und bei humusarmen, mittleren Böden geboten. Durch Überkalkung bewirkte Schäden sind schwerer zu beheben als durch Säure bedingte. Enzmann empfiehlt mit Recht, bei der Kalkung ähnlich zu verfahren wie bei der Düngung mit den anderen Nährstoffen, z. B. Stickstoff, Phosphorsäure oder Kali. Er führt aus, daß sich hierdurch die Anpassung der Bodenreaktion an das Reaktionsoptimum der jeweils zum Anbau gelangenden Kulturpflanzenart erreichen ließe. Außerdem würden die sonst durch hohe Kalkgaben bewirkten Nachteile vermieden, die im Hinblick auf die Verwertung der Phosphorsäure, des Kalis und der Spurenelemente in Erscheinung treten können. Wenn Kalkdüngung keine Wirkung zeigt, so kann dies seine Ursache in dem Mangel an Magnesia haben. In solchen Fällen wäre zu prüfen, ob nicht durch Zufuhr von verhältnismäßig geringen Mengen Magnesia die Wirkung des Kalkes im Boden erhöht werden kann. Aus den von Enzmann weiterhin erzielten Befunden geht hervor, daß es keineswegs genügt, den *Kalkbedarf* zu ermitteln, es kommt auch sehr darauf an, die Boden und Pflanze entsprechende *Kalkform* festzustellen. Wie wichtig im Zusammenhange mit der Kalkdüngung auch die Art der Unterbringung des Düngers in den Boden ist, zeigt Enzmann an Hand von Versuchen mit Wintergerste auf. Während auf dem humusarmen, schlechtgepufferten, sandigen Lehmboden des Versuchsgutes Leipzig-Probstheida das Eineggen eine beträchtliche Steigerung der Transpirationswerte zur Folge hatte und nur durch das Einpflügen die erstrebte Wassereinsparung erzielt wurde, löste die Kalkdüngung auf dem schwachsauren, gutgepufferten, humosen Lehmboden von Lützschena bei Leipzig bei jeder Art der Unterbringung eine Senkung der Transpirationswerte aus. Die größte Wassereinsparung wurde im vorliegenden Falle durch das Einfräsen des Kalkes erreicht. Daß Kalk nur bei trockener Witterung ausgebracht werden darf und die wohl einfachste Art der Unterbringung in den Boden darin besteht, daß der Kalk auf die Stoppeln gestreut und am selben Tage durch das Schälen in den Boden eingebracht wird, ist bekannt. Erweist es sich in besonderen Fällen als notwendig, den Kalk im Frühjahr zu streuen, dann ist gleichfalls auf Ausbringung bei trockenem Wetter und auf sofortige Unterbringung in den Boden Wert zu legen. Erfolgt der Anbau unmittelbar darauf, dann ist mit nachteiliger Auswirkung auf die Pflanze zu rechnen. Überhöhte Transpirationswerte sind das Ergebnis. Wird für rechtzeitige Düngung Sorge getragen, dann bewirken dieselben Mengen eine Senkung der Transpirationsintensität [ARLAND (13)].

Beispiel 6

Einfluß von Kalkgaben auf die relative Transpiration von Wintergerste

A. Allgemeine Versuchsangaben

Bodenbeschaffenheit ...	Humoser Lehm
Wasserkapazität	46,2%
Herkunft des Bodens ..	Lauer bei Leipzig
pH/KCl (bestimmt auf elektrometrischem Wege)	6,9
Phosphorsäure in wurzellösl. Form	5,4 mg
Kali in wurzellösl. Form	12,9 mg
Sättigung der Wasserkapazität	60%
Versuchspflanze	Wintergerste (Kalkreuther Frühe)
Aussaat	3. 9. 1947
Aufgang	7. 9. 1947
Tag der Auswertung ...	1. 10. 1947 Schalen 1—16 30. 9. 1947 Schalen 17—32
Alter der Pflanzen am Tage der Auswertung ..	24 bzw. 23 Tage
Stand der Pflanzen am Tage der Auswertung ..	Schwach bzw. normal
Durchschnittliche Länge der Pflanzen	26 bzw. 32 cm
Zahl der Blätter	Basalblatt + 3
Krankheitsbefall.......	—
Temperatur am Tage der Auswertung im Versuchsraum im Durchschnitt ..	24 bzw. 25° C
Relative Luftfeuchtigkeit am Tage der Auswertung im Versuchsraum im Durchschnitt	75 bzw. 61%

Kalkbedarf des Bodens auf Grund der Methode der elektrometrischen Kurztitration: 0 dz/ha CaO
Kalkbedarf des Bodens auf Grund der Bestimmung der hydrolytischen Azidität: 0 dz/ha CaO

B. Ergebnisse der Transpirationsbestimmung

Schale	Anzahl der Pflanzen	Düngung in kg/ha				Transpirierende Pflanzenmasse in		Die in 30 Minuten transpirierte Wassermenge (Welkeverlust) in g	Relative Transpiration		
		N	P_2O_5	K_2O	CaO	g	Relativzahlen		in %	p	in Relativzahlen
1—2	120	0	0	0	0	37,49	100	2,01	5,36	—	100
3—4	120	0	0	0	200	38,91	104	2,16	5,55	15,4	104
5—6	120	0	0	0	400	39,25	105	2,43	6,19	0,9	115
7—8	120	0	0	0	800	36,08	96	2,74	7,59	0,3	142
9—10	120	0	0	0	1200	28,17	75	2,67	9,48	<0,1	177
11—12	120	0	0	0	1600	19,23	51	2,10	10,92	<0,1	204
13—14	120	0	0	0	2000	17,96	48	2,10	11,69	<0,1	218
15—16	120	0	0	0	2400	17,52	47	2,08	11,87	<0,1	221
17—18	120	32	54	80	0	75,76	100	5,92	7,81	—	100
19—20	120	32	54	80	200	72,85	96	5,90	8,10	62,4	104
21—22	120	32	54	80	400	74,13	98	5,59	7,54	38,2	97
23—24	120	32	54	80	800	71,51	94	5,29	7,40	49,3	95
25—26	120	32	54	80	1200	50,43	67	4,43	8,78	1,7	112
27—28	120	32	54	80	1600	55,95	74	5,23	9,35	<0,1	120
29—30	120	32	54	80	2000	47,69	63	4,77	10,00	21,3	128
31—32	120	32	54	80	2400	31,44	41	3,42	10,88	<0,1	139

C. Graphische Darstellung der Ergebnisse

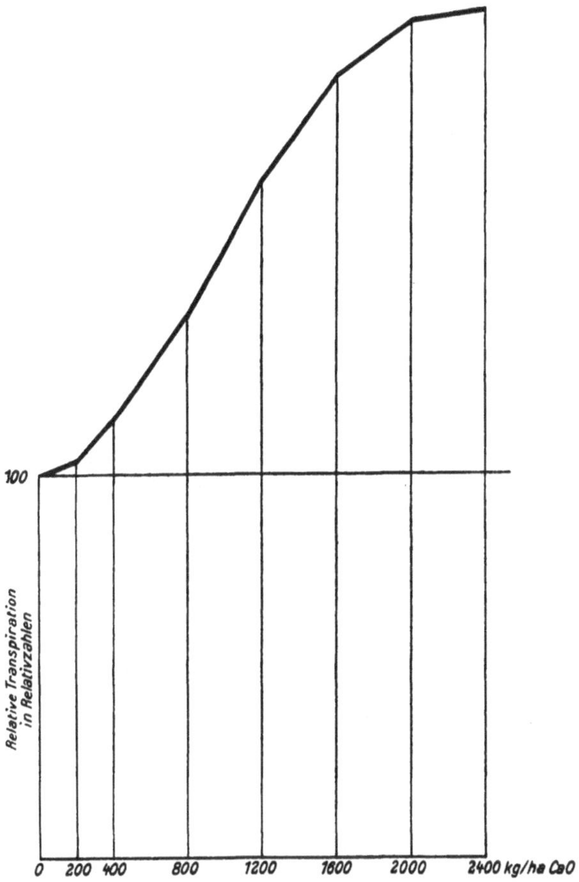

Ohne Beidüngung

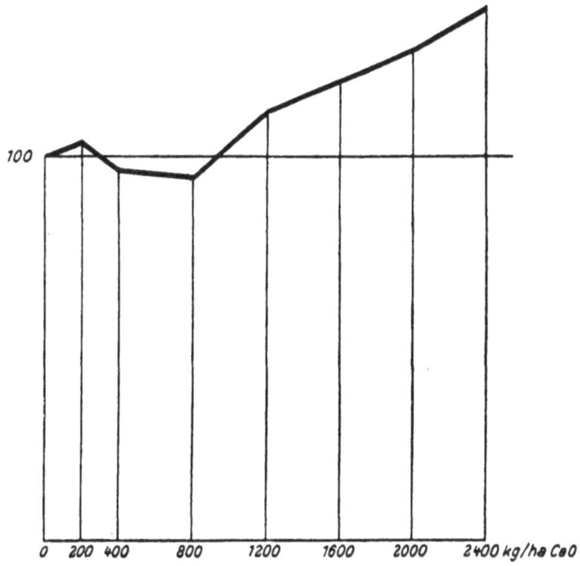

Mit Beidüngung:
32 kg/ha N
54 kg/ha P_2O_5
80 kg/ha K_2O

Organische Düngemittel sind bisher nur verhältnismäßig selten in unsere Versuche einbezogen worden. Ihr Einfluß auf die relative Transpiration ist beträchtlich. WAHN (66) führt aus, daß, gemessen an der relativen Transpiration der Nachfrucht, die in organischem Dünger verabreichten Nährstoffe die größte Nachwirkung ausüben.

Im Rahmen der in unserem Institut im Hinblick auf „*Kopfdüngungsmaßnahmen*" in Durchführung begriffenen Transpirationsversuche hat Dr. ROTRAUD BOTTER begonnen, das Problem der *Nährstoffaufnahme durch die Blätter* experimentell zu bearbeiten. Als Versuchspflanzen dienten Wintergerste sowie Winter- und Sommerraps, wobei es zunächst darauf ankam, die Wirkung des Stickstoffs in Form von Natronsalpeter zu studieren. Um ein möglichst vollständiges Haftenbleiben dieses Düngesalzes auf den Gerstenblättern zu gewährleisten, wurde der Dünger in fein gemahlenem Zustand aufgebracht. Die Vergleichspflanzen erhielten den Natronsalpeter in der üblichen Form zum Teil auf den Boden, zum Teil auf den Bestand als „Kopfdünger" gestreut, wobei der größte Teil auf den Boden gelangte und nur wenig auf den Blättern haften blieb. Die Transpirationsmessungen ergaben, daß die mit dem Düngesalz eingepuderten Pflanzen niedriger transpirierten als die zum Vergleich dienenden Individuen. Beim Raps wurde der Natronsalpeter teils in gekörnter, teils in gemahlener Form verabreicht und auf weitere Pflanzen als Lösung aufgesprüht, wobei die zuletzt genannte Behandlungsart transpirationssenkend wirkte. Ein mit Wintergerste durchgeführter Wasserkulturversuch brachte den Befund, daß die Transpirationswerte der Individuen, die in einer alle erforderlichen Elemente aufweisenden Nährlösung gezogen worden waren, eine sehr geringe Streuung zeigten. Dagegen war die Streubreite der Transpirationswerte der in Stickstoffmangellösung wachsenden Kulturen sehr beträchtlich. Wurden jedoch die Blätter dieser Pflanzen mit fein gemahlenem Ammoniumnitrat versehen, dann erfuhr das Ausmaß der Streuung der Transpirationswerte wieder eine erhebliche Einschränkung. Dieser Befund erlaubt die Schlußfolgerung, daß sich die Blätter an der Nährstoffaufnahme beteiligen können. Wie die eingangs beschriebenen Versuche zeigten, wirkt sich diese Art der Nährstoffaufnahme bei Aufbringung entsprechender Mengen des betreffenden Düngesalzes transpirationssenkend aus. Ergänzend sei hinzugefügt, daß die in diesem Zusammenhange geschilderten Ergebnisse als vorläufige zu betrachten sind. Sie wären durch Wiederholungen zu erhärten. Kopfkalkung von Wintergetreide und Kartoffeln verursachte eine Erhöhung der relativen Transpiration um mehr als 20% [ENZMANN (20)].

Aus den kurzen Schilderungen wird ersichtlich geworden sein, wie wichtig es ist, die Auswirkung der Düngungsmaßnahmen auf die relative Transpiration festzustellen. Daß falsch ernährte, sozusagen „fiebernde" Pflanzen auch unter normalen Wachstumsverhältnissen, geschweige denn bei Trockenheit, versagen müssen, ist verständlich.

Hinsichtlich der *Saattiefe* durchgeführte Untersuchungen zeigten, daß sich auch diese in beträchtlichem Maße in der relativen Transpiration auswirkt. Im Rahmen von mit Sommergerste auf humosem, sandigem Lehm eingeleiteten Gefäßversuchen konnte ermittelt werden, daß die Pflanzen den niedrigsten Wert aufzeigten, die aus 3 cm tief in den Boden gebrachten Körnern hervorgegangen waren. Mit zunehmender Saattiefe erhöhten sich die Werte. Die Untersuchungen wurden im vorliegenden Falle an jeweils 30 Pflanzen je Saattiefe durchgeführt.

Einfluß der Saattiefe auf die relative Transpiration von jungen, 6 Blätter aufweisenden und auf humosem, sandigem Lehm in Gefäßen gezogenen Sommergerstenpflanzen

Gefäß	Anzahl der Pflanzen	Saattiefe in cm	Transpirierende Pflanzenmasse in g	Transpirierende Pflanzenmasse in Relativzahlen	Die in 30 Minuten transpirierte Wassermenge (Welkeverlust) in g	Relative Transpiration in %	Relative Transpiration p	Relative Transpiration in Relativzahlen
1	30	1	40,81	100	2,35	5,76	—	100
2	30	3	34,36	84	1,89	5,50	4,1	95
3	30	5	25,60	63	1,72	6,72	0,4	117
4	30	8	22,84	56	1,63	7,14	0,2	124

An Mais vorgenommene Messungen ergaben unter unseren Bodenverhältnissen bei der Saattiefe von 7 cm niedrigste relative Transpiration. Durch tieferes Auslegen der Körner wurde ein beträchtliches Ansteigen verursacht. Die Transpirationswerte fußen auf jeweils 120 Individuen.

An Hand von Parzellen mit gestaffelten Saatmengen unternommene Versuche sollten aufzeigen, wie sich die *Saatstärke* auf die relative Transpiration auswirkt und ob es auch im Hinblick auf die Transpiration eine optimale Saatmenge gibt. Eine bei Sommergerste (Ackermanns Isaria) auf dem Versuchsgute Leipzig-Probstheida in zwei aufeinanderfolgenden Jahren (1949 und 1950) an Hand von zuchtgartenmäßig angelegten Parzellen durchgeführte Staffelung umfaßte die je Hektar bemessenen Saatmengen von 30, 60, 90, 120, 150, 180, 210 und 240 kg. Die im Vierblattstadium und im Stadium des Ährenschiebens an Hand von 40 Pflanzen je Saatmenge und Tag erfolgten Messungen ergaben den niedrigsten Wert der relativen Transpiration bei 120 kg/ha. Sehr interessant ist, daß sich das Versuchsgut Leipzig-Probstheida schon seit Jahren auf Grund zahlreicher Ertragsversuche und praktischer Erfahrungen bei Sommergerste auf eine Saatmenge von 120 kg/ha eingestellt hat. Die an Hand der Transpirationsmessungen ermittelte Saatmenge stimmt demnach mit der im Betriebe üblichen überein. Bemerkenswerterweise lieferten nicht nur die Pflanzen der dichter bestandenen Parzellen höhere Transpirationswerte, sondern auch die der dünneren Bestände! Mit Winterraps in der Vegetationsperiode 1949/50 gleichfalls an Hand von zuchtgartenmäßig angelegten Parzellen durchgeführte Transpirationsmessungen hatten zunächst nur orientierenden Charakter. Sie ergaben bei der im Betriebe zur Anwendung kommenden Saatmenge von 8 kg/ha den niedrigsten Wert der relativen Transpiration. Besonders beachtenswert erscheint, daß bei allen bisherigen Saatmengenversuchen die jungen Pflanzen von bestimmtem Entwicklungsstadium an sehr deutlich die, transpirationsmäßig gesehen, optimale Saatmenge erkennen ließen, wobei im Hinblick auf die Futterpflanzen nun klar ersichtlich wird, daß z. B. ein Klee- oder Luzernebestand, der mit dem Ziele der Erlangung größtmöglicher Futtermassen gegründet wurde, nicht auf Erreichung höchstmöglichen Samenertrages eingestellt sein kann. Interessant ist, daß ebenfalls unter den bei Anzucht der Pflanzen in Schalen und Gefäßen obwaltenden Verhältnissen eine optimale Saatstärke vorliegt.

Auch die *Saatzeit* wirkt sich auf die relative Transpiration der Pflanzen aus. Von ENZMANN auf breiter Basis mit Getreide durchgeführte Versuche brachten das Ergebnis, daß die der Pflanze am meisten zusagende Anbauzeit die verhältnismäßig niedrigste relative Transpiration bedingt. Die Bestimmung erfolgte stets bei gleicher Temperatur. CHRISTIANSEN-WENIGER (17) gelangte im Rahmen seiner in Ankara durchgeführten Gefäßversuche zu ähnlichen Ergebnissen. Er schreibt: „Wird die Entwicklung durch verspätete Saat in die heiße Jahreszeit verschoben, so nehmen die Erträge ab und die Wasserleistung sinkt."

Hinsichtlich der Auswirkung von *Gemengesaat* von WAHN (66) unternommene Gefäßversuche erstreckten sich auf Sommergerste, Sommergerste und Wicke sowie auf Sommergerste und Erbse. Es konnte festgestellt werden, daß im Gemenge z. B. mit Leguminosen angebaute Gramineen infolge der Beschattung durch die Blattfrucht einen höheren Wasserverbrauch als im Reinbestande wachsende Gramineen aufwiesen.

Naheliegend ist auch die Frage, inwieweit die *Verunkrautung* auf die relative Transpiration von Einfluß ist. Mit Sommergerste und Mais eingeleitete Versuche ergaben, daß sich ein Besatz mit Unkraut von bestimmtem Ausmaße an transpirationssteigernd äußert. Durch Freihalten der Kulturpflanzenbestände von Unkraut wird einerseits erreicht, daß dem Boden Wasser und Nährstoffe erhalten bleiben, die sonst die Unkrautpflanzen entzogen hätten. Weiterhin wird vor allem bewirkt, daß die Kulturpflanzen eine niedrige relative Transpiration aufweisen und sich somit nicht erschöpfen. Nicht außer acht zu lassen ist auch die Auswirkung des Eggens oder Hackens auf den Boden. Diese Pflegemaßnahmen rufen durch die Lockerung der oberen Bodenschicht eine Verbesserung des Standortes der Pflanzen hervor, die sich wiederum in einer Senkung der Werte der relativen Transpiration äußert, vorausgesetzt, daß die Bodenlockerung sachgemäß geschah. Wir konnten beobachten, daß ein unsachgemäß durchgeführtes, zu tiefes Eggen eine Steigerung der relativen Transpiration zur Folge hat. Wie E. RÖHLIG im Rahmen unserer Feldtranspirationsversuche feststellen konnte, verursachen die Maßnahmen der mechanischen Unkrautbekämpfung an den unmittelbar darauf folgenden Tagen eine erhebliche Streuung in den Transpirationswerten. Es empfiehlt sich daher, Messungen erst dann vorzunehmen, wenn die Beunruhigung der Pflanzen zum „Abklingen" gekommen ist.

Die Erklärung für die transpirationssteigernde Wirkung des Unkrautbesatzes ist neben dem Entzug an Pflanzennährstoffen vor allem in der *Beschattung* zu suchen. Wir konnten feststellen, daß sich Schatten transpirationssteigernd äußert, und zwar um so mehr, je intensiver er ist und je länger er anhält.

WAHN (66) befaßte sich mit dem Studium der *Auswirkung des Unkrautbekämpfungsmittels „U 46"* auf Getreide. Es handelt sich hierbei um einen Wuchsstoff, der die dikotylen Unkräuter in Getreidebeständen schädigt, während die Gramineen bei richtiger Anwendung nicht angegriffen werden. Vor Einführung dieses Unkrautbekämpfungsmittels im In- und Auslande durchgeführte Versuche hatten übereinstimmend ergeben, daß sich eine mit „U 46“ durchgeführte Behandlung dann nachteilig auf die Gramineen auswirkt, wenn sie vor der Bestockung erfolgt, während eine danach vorgenommene Spritzung keinen Schaden verursacht. Interessanterweise bestätigen die Werte der relativen Transpiration von Sommer- und Wintergerste die in diesen Versuchen erzielten Befunde. Vor der Bestockung mit „U 46“ behandelte Pflanzen ließen ein beträchtliches Ansteigen der Transpirationswerte erkennen, während die nach der Bestockung durchgeführte Behandlung von nur geringem, bzw. ohne Einfluß auf die relative Transpiration war.

Auch das Problem der *Bewässerung* von Kulturen kann nur gelöst werden, wenn man die Pflanze in den Mittelpunkt der Betrachtung stellt und ganz besonders die Transpirationsverhältnisse der jungen Individuen berücksichtigt. Unter Zugrundelegung von in Deutschland gewonnenen Erfahrungen und vielfach durchgeführten Messungen hat BAUMANN in seiner Schrift „Wetter und Ernteertrag“ (15) aufgezeigt, daß die Bedeutung der Niederschläge in der Landwirtschaft im allgemeinen überschätzt und Temperaturwerte zu wenig berücksichtigt werden. Er führte aus, daß man leider immer wieder die Ansicht vertreten findet, der Mangel an Winterniederschlägen könne unsere Getreideernte gefährden. „Gerade die Wirte der leichten Böden glauben, diese Meinung vertreten zu müssen. Demgegenüber ist mehrfach die Gunst niedriger Winterniederschläge nachgewiesen worden, und es unterliegt wohl keinem Zweifel, daß gerade auf Sandböden, die nur ein geringes Fassungsvermögen für Wasser haben, die Winterfeuchtigkeit nur eine geringe Rolle spielt.“ „Unberechtigt sind auch die oft gehörten Klagen über Trockenheit im Frühjahr. Geringe Niederschläge im Frühjahr sind geradezu eine Voraussetzung für Höchsternten bei Getreide.“ „Im Frühjahr aber brauchen wir vor allem Luft im Boden, damit er sich schnell erwärmt und Platz für die sich bekanntlich außerordentlich schnell in die Tiefe streckenden Wurzeln vorhanden ist.“ Der März soll niederschlagarm sein. „Die Bedeutung eines warmen, trockenen März und eines teilweise sehr kalten April für eine gute Getreideernte sind an sich schon lange bekannt.“ Sehr aufschlußreich sind in diesem Zusammenhange auch die Ausführungen von TAMM (61), der auf Grund umfangreichen Zahlenmaterials bei *Sommergetreide* zu folgenden Befunden gelangt: „Die Höhe der Winterniederschläge von November bis Februar ist insofern von Einfluß auf die Ertragsleistung der vier Sommergetreidearten im Land Brandenburg gewesen, als gerade vor den beiden ertragsreichsten Jahren weniger Niederschläge als im langjährigen Durchschnitt anfielen. In unserem ersten Beitrag konnte bereits nachgewiesen werden, daß vor ertragreichen Jahren relativ weniger Niederschläge gemessen wurden als vor Jahren mit Mittelerträgen. Am eindeutigsten in dieser Hinsicht reagierte die Sommergerste. Vor ertragreichen Jahren (Gruppe sämtlicher Jahre mit einer Ertragsleistung über + 15% des langjährigen Ertragsdurchschnittes) fielen 88%, vor mittelertragreichen 108% und vor Jahren mit sehr geringen Erträgen 149% der langjährigen mittleren Regenhöhe der Monate November bis Februar (152 mm) an. Danach ist im Lande Brandenburg mit seinen vorwiegend leichteren Böden eine starke Anreicherung des Ackers während der Wintermonate mit Feuchtigkeit nicht erwünscht. Vielmehr kommt es bei wenig unter dem langjährigen Durchschnitt liegenden Winterniederschlägen allem Anschein auf die Erhaltung einer gesunden Bodenstruktur mit ihren alle Bodenumsetzungen begünstigenden Folgeerscheinungen an. Eine Verschlämmung der Krume durch Winterniederschlag führt selbst bei einer auch zu Sommergetreide üblichen Bodenlockerung anläßlich der Frühjahrsbestellung zu Ertragsminderungen. Bei verspätetem Überschreiten der 5°-Grenze erst Anfang April fielen vor den beiden ertragreichsten Jahren bei Sommerweizen und Sommergerste auch im Laufe des Monats März nur geringe Niederschläge, besonders in dem ertragreichsten Sommergerstenjahr 1928. Der März des Jahres 1938 muß sogar als überaus trocken bezeichnet werden. Erst in der letzten Pentade kam es zu stärkeren Regenfällen. Hafer und Sommerroggen stellen in dieser Richtung keine besonderen Ansprüche. Beide Sommergetreidearten konnten sowohl bei einem sehr trockenen als auch bei einem sehr niederschlagsreichen März zu einer hohen Ertragsleistung gelangen". An anderer Stelle führt Tamm aus: „Der Sommerweizen verlangt im Laufe der sechs Perioden seiner vegetativen Phase vom Überschreiten der 5°-Grenze an bis zum 1. Juni eine wasserzehrende Konstellation der Witterungsfaktoren, deren Stärke aus der Höhe der positiven Wetter-Wertzahlen hervorgeht. Während der ersten beiden Perioden ist eine warme, trockene Witterung bei kräftiger Verdunstung unbedingt notwendig". „Danach stellt der Sommerweizen während der ersten Hälfte seiner Wachstumszeit unter den Bodenverhältnissen des Landes Brandenburg keine hohen Ansprüche an den Wasserhaushalt des Bodens. Im Gegenteil, die Niederschlagshöhe muß laufend unter den langjährigen Durchschnittswerten liegen. Sie reicht auf den besseren Böden des Landes Brandenburg, auf denen hier vornehmlich Sommerweizen angebaut wird, zur Ausbildung einer günstigen Bestandesdichte und Kornzahl je Ähre aus. Dadurch wird der Sommerweizen von frühester Jugendentwicklung an auf eine trockenholde Konstitution eingestellt." „Auch die Sommergerste verlangt während der ersten beiden Perioden ihrer vegetativen Phase eine warme, trockene Witterung bei anfangs kräftiger Verdunstung. Die Wetter-Wertzahlen der wasserzehrenden Konstellation erreichen jedoch nicht ganz dieselben hohen positiven Werte wie bei Sommerweizen." „Auch der Hafer verlangt zunächst nach Überschreiten der 5°-Grenze während der ersten beiden Perioden eine warme, trockene Witterung." „Wie die bisher behandelten drei Sommergetreidearten verlangt auch der Sommerroggen nach Überschreiten der 5°-Grenze zunächst eine warme, trockene Witterung bei erhöhter Verdunstungskraft für die Perioden 1 und 2." Hinsichtlich des Anbaues von *Wintergetreide* ist einem Bericht von M. Gordienko (25) zu entnehmen, daß M. Lapin („Die Sowjetische Agronomie", 1948, Nr. 2) Weizen- und Roggenpflanzen in seine Untersuchungen einbezog, die sich auf feuchten bzw. trockenen Parzellen entwickelt hatten. Es wurde festgestellt, daß der Gehalt an Trockensubstanz und Kohlehydraten in den auf den feuchten Parzellen gewachsenen Pflanzen bedeutend geringer war als in den auf den trockenen Parzellen gewachsenen. Der bei den Vegetationsversuchen unter verschiedenen Feuchtigkeitsverhältnissen gebaute und dann der Wirkung niedriger Temperaturen (bis —23° Celsius) unterzogene Winterweizen ergab folgende Resultate in bezug auf die Zahl der am Leben gebliebenen Pflanzen:

> „Bei 80% der vollen Wasserkapazität des Bodens betrug die Menge der nach der Frostwirkung am Leben gebliebenen Pflanzen 0%;
> bei 60% der vollen Wasserkapazität des Bodens — 60%;
> bei 40% der vollen Wasserkapazität des Bodens — 90%".

Überschüssige Feuchtigkeit des Bodens im Frühjahr erwies sich für die Pflanzen noch nachteiliger als ein Überschuß von Wasser im Herbst. Im Lande Brandenburg von Tamm (61) durchgeführte Untersuchungen ergaben folgendes: „Höhere Niederschläge während der Wintermonate von November bis Februar als im langjährigen Durchschnitt (152 mm) führen bei allen drei Wintergetreidearten zu einem schlechten Start bei Beginn der Frühjahrsentwicklung. Abgesehen von direkten Nässeschäden bewirken reichliche Regenfälle eine wesentliche Verschlechterung der Bodenstruktur, die im Gegensatz zu den Sommergetreidearten nur durch eine Lockerung der obersten Bodenschichten verbessert werden kann, und verhindern außerdem bei voller Auffüllung des Wasserhaltevermögens eine rasche Abtrocknung und Erwärmung des Bodens. In gleicher Weise wie bei den Sommergetreidearten muß auch bei den Wintergetreidearten diese Möglichkeit gegeben sein. Winterweizen und Wintergerste reagieren jedoch auch auf eine beträchtlich unter dem Mittel liegende Regenhöhe während der Wintermonate mit Ertragsminderung. Winterroggen bevorzugt eine Niederschlagsmenge von 70—83% des langjährigen Durchschnittes und scheint gegen eine allzu hohe, nur langsam absickernde Bodenfeuchtigkeit während der Wintermonate empfindlicher zu sein. Gegen im März noch vor dem Überschreiten der 5°-Grenze auftretende hohe Niederschläge ist der Winterroggen jedoch weniger anfällig, sofern in einem späten Frühjahr die Möglichkeit besteht, daß die anfallenden Wassermengen rasch in den Untergrund absinken können.“ An anderer Stelle berichtet TAMM: „Winterweizen verlangt für die beiden ersten Perioden eine ausgesprochen warme und trockene Witterung bei hoher Verdunstung und relativ hohen Bodentemperaturen, . . .“. „Nach dem Überschreiten der 5°-Grenze verlangt auch die Wintergerste die für sämtliche Getreidearten typischen zwei warmen und trockenen Perioden, die durch anfangs hohe Boden- und Lufttemperaturen bei hoher Verdunstung und geringer Regenhöhe gekennzeichnet sind.“ „Der Winterroggen verlangt nach dem Überschreiten der 5°-Grenze ebenfalls eine warme und trockene Witterung. Jedoch ist die wasserzehrende Konstellation der Witterungsfaktoren, besonders während der ersten Periode, erheblich schwächer als bei Winterweizen und Wintergerste, . . .“. „Der Winterroggen stellt daher geringere Ansprüche an Abtrocknung und Erwärmung der obersten Bodenschichten.“ Im selben Sinne bewegen sich Ausführungen von BAUMANN (15), die besagen, daß der Wintergetreideertrag nach seinen Feststellungen und nach den Ermittlungen von FISHER in Rothamsted und HOLDEFLEISS in Sachsen-Anhalt durch starke Winter- und Frühjahrsniederschläge deutlich geschädigt wird. Hinsichtlich der *Hackfrüchte* gelangte TAMM (62) zu dem Befund, daß in der Zeit des Pflanzens der *Spätkartoffel* wasserzehrende Konstellation gegeben sein soll, gefolgt von einer wasserschonenden zur Zeit des Auflaufens. „Daran schließt sich mit Höhepunkt Mitte Juni die ansatzfördernde Trockenperiode an. Ende Juni reichliche Niederschläge.“ Die Ansprüche der *Frühkartoffel* an den Witterungsgang werden folgendermaßen kurz zusammengefaßt: „Nach nur geringer Auffüllung des Wasserhaltevermögens des Bodens während des Winters und nach geringen Niederschlägen im Laufe des Monats März soll zur Zeit des Pflanzens eine wasserzehrende Konstellation bei großer Trockenheit herrschen. Beginnend mit mittlerer Konstellation erfolgt anschließend die Ausbildung einer ansatzfördernden Trockenperiode mit Höhepunkt Anfang Juni. Dann wieder wasserschonende Konstellation bis Mitte Juli, nur durch eine kurze Zeit andauernde, schwach wasserzehrende Konstellation Anfang Juli unterbrochen“. Hinsichtlich der *Futter- und Zuckerrübe* führt TAMM zusammenfassend aus: „Nach hohen Niederschlägen im März zunächst wasserzehrende Konstellation, gefolgt von einer wasserschonenden Ende April. Von Anfang Mai bis Anfang Juli laufend warmes Wetter, dabei von Mitte Mai bis Mitte Juni zunehmende wasserzehrende Konstellation, geringe Niederschläge mit

Höhepunkt Anfang Juni". Berücksichtigt man dies alles, dann werden *Fehler auf dem Gebiete der Bewässerung* von Kulturen weitgehend vermieden werden können. Es geht darum, den Pflanzen in der Jugend ein günstiges Verhältnis von Bodenmasse, Luft und Wasser zu bieten. Günstige Gestaltung der Umsetzungen und des Bodenlebens ist dann gewährleistet. Die Pflanzen werden, um mit TAMM zu sprechen, auf eine *trockenholde Konstitution* eingestellt. In ähnlichem Sinne äußert sich BAUMANN, der ausführt, daß durch die den Pflanzen in der Jugend gebotene mäßige Wasser- und Wärmeversorgung eine *Abhärtung* erfolgt, die sie veranlaßt, den unvermeidlich im Alter auftretenden Mangel wesentlich besser ertragen zu können. Damit erfahren die oben im Hinblick auf die wiederholt betonte Bedeutung des Jugendstadiums der Pflanze gemachten Ausführungen auch von dieser Seite her eine Bestätigung. BAUMANN berichtet, daß starke Wasserversorgung in der Jugend starken Bedarf im Alter nach sich zieht. „Derartige in der Jugend mit Wasser verwöhnte Pflanzen leiden unter den fast unvermeidlich auftretenden Durstperioden im späteren Leben stärker als in der Jugend in dieser Hinsicht kurz gehaltene Pflanzen." Gestaltet sich dann z. B. bei Getreide im weiteren Verlaufe des Vegetationsjahres durch mäßige Temperaturen im Mai und Juni die Transpiration der Pflanzen niedrig, dann sind nach BAUMANN gute Ernteerträge gewährleistet. Es wird, um in diesem Zusammenhange wieder mit BAUMANN zu sprechen, auf „*ansteigende Wasserversorgung*" ankommen. Es wird gelten, das zu sehr in Erscheinung tretende Absinken des Wasserbestandes unter den stark entwickelten Pflanzen aufzuhalten. Im Rahmen der Arbeiten unseres Instituts von VERDOFSKY und Dr. QUAAS durchgeführte Untersuchungen ergaben, daß *bei trockenem Boden vorgenommene Bewässerung von Getreidekulturen* ein überaus starkes Ansteigen der Werte der relativen Transpiration bewirkte. Die Pflanzen werden in diesem Falle durch die Bewässerung zu besonders erhöhter Wasserabgabe veranlaßt. Weitere noch nicht abgeschlossene Arbeiten haben die Ermittlung der jeweils optimalen Wassermenge bei Anwendung der Anwelkmethode zum Gegenstand.

Von Bedeutung ist natürlich auch die *Art der Verabreichung des Wassers*. Geschieht diese regelmäßig auf dem Wege der Besprühung bzw. Beregnung, dann ist damit im Vergleich zu Beständen, denen das Wasser durch Berieselung zugeleitet wird, ein wenn auch geringes Ansteigen der Werte der relativen Transpiration verbunden. Die Beeinträchtigung der Bodenkrümel wird um so geringer sein, je mehr diese vor dem Aufprallen der Wassertropfen durch Pflanzen oder Bodenbelag geschützt sind. In zahlreichen Ermittlungen konnte weiterhin festgestellt werden, daß die Zuführung des Wassers auf dem Wege der Untergrundbewässerung ein starkes Absinken der Transpirationswerte zur Folge hatte. Dr. QUAAS wird über die im Rahmen unserer Institutsarbeiten in Durchführung begriffenen Untersuchungen berichten.

Spritz- und Stäubeversuche mit Pflanzenschutzmitteln ergaben, daß z. B. die gegen den Befall der Kartoffelpflanzen mit Phytophthora infestans vier Tage vor der Untersuchung erfolgte Anwendung von Kupferkalkbrühe eine durchschnittlich 5%ige Senkung der relativen Transpiration bewirkte. Damit ist der wohltuende Einfluß dieser Maßnahme auf die Kartoffelpflanze auch transpirationsmäßig bewiesen. Eine vier Tage vor der Untersuchung durchgeführte Behandlung von Kartoffelpflanzen mit Spritzarcal verursachte eine wenn auch geringe Steigerung der relativen Transpiration. Sieben Tage vor der Transpirationsbestimmung mit Gesarol bestäubte Rapspflanzen zeigten gleichfalls eine Zunahme der Werte, wobei diese um so mehr stiegen, je intensiver die Behandlung geschah. Zur Bekämpfung von Pflanzenkrankheiten und Schädlingen einzusetzende Spritz- und Stäubemittel sind demnach vor allem auch im Blickfelde der Beeinflussung der Transpirationsintensität zu prüfen.

Im Zeichen der *Landschaftsgestaltung* unternommene Versuche hatten den *Wind* in seiner Auswirkung auf die relative Transpiration von jungen Maispflanzen zum Gegenstande. Sie zeigten, daß sich ganz geringe Windstärke im Vergleich zu unbewegter Luft transpirationssenkend, also günstig äußert, während stärkerer Wind in zunehmendem Maße eine Steigerung der relativen Transpiration zur Folge hat. Mit dem Studium des Einflusses des Windes auf die pflanzliche Transpiration befaßten sich u. a. auch GÄUMANN und JAAG (23, 24). [Vgl. auch GÄUMANN (22).] Interessant ist, daß *Schüttelversuche* gleichfalls eine Zunahme der relativen Transpiration ergaben. Mit Getreidepflanzen beschickte Gefäße wurden auf einen Schüttelapparat gestellt und täglich einmal 20 Minuten lang geschüttelt. Das Ergebnis war, daß die Transpirationsintensität um so mehr zunahm, je öfter das Schütteln wiederholt wurde. [Vgl. auch KAHL (30) und GÄUMANN und JAAG (24).]

Bemerkenswerte Resultate brachten Transpirationsmessungen an Kartoffelpflanzen, die am 16. Juni 1950 in Leipzig-Probstheida einem *Unwetter* ausgesetzt waren, das *Hagel*, *Sturm* und *Platzregen* begleiteten. Die an der Sorte „Ackersegen“ 14 Tage später durchgeführten Untersuchungen zeigten eine Erhöhung der relativen Transpiration im Ausmaße bis zu 100% auf.

Auch *Rauch* äußert sich transpirationssteigernd. Je intensiver die Raucheinwirkung ist, um so mehr steigen die Transpirationswerte an.

Die unter Verwendung der Anwelkmethode an Hand vieler Kulturen erfolgten Messungen zeigten im einzelnen, daß die Pflanze in erstaunlich konsequenter Weise in ihrer relativen Transpiration kundgibt, wie sie die ihr zugedachten Kulturmaßnahmen empfindet. Würde man die Prüfung an erwachsenen Pflanzen im Bestand vornehmen, dann käme das Urteil zu spät. Soll der Anbauer rechtzeitig erfahren, welche Kulturmaßnahmen den auf seinem Boden gezogenen Pflanzen zu bieten sind, dann müßte die Pflanze vor dem eigentlichen Feldanbau im jugendlichen Stadium der Entwicklung befragt werden können. Es war daher festzustellen, ob eine *kurzfristige Vorprüfung der Kulturmaßnahmen in ihrer Auswirkung auf die Pflanze* möglich ist.

Erfreulicherweise brachten die bisher besonders an Getreide-, Raps- und Kartoffelpflanzen in den verschiedensten Wachstumsstadien vorgenommenen Messungen das Ergebnis, daß das Verhalten junger, ein bestimmtes Stadium der Entwicklung aufweisender Pflanzen im Hinblick auf die Tendenz der Transpirationswerte weitgehend mit dem älterer übereinstimmt. In anderem Zusammenhange von TORNAU und MEYER (65) und von SCHMALFUSS (54) bei Getreide durchgeführte Versuche sowie in neuester Zeit von ENZMANN (20) und WAHN (66) gleichfalls bei Getreide eingeleitete Untersuchungen lassen die gleiche Schlußfolgerung zu. Es ist demnach möglich, die Wirkung bestimmter Kulturmaßnahmen schon im Jugendzustande und daher in kurzer Zeit zu ermitteln. Man hat lediglich an in Schalen bestimmter Größe in dem vorliegenden Boden oder im Freilande z. B. bei verschiedener Düngung gezogenen Pflanzen der für den feldmäßigen Anbau vorgesehenen Art und Sorte die Transpiration festzustellen. Die Verarbeitung bzw. Untersuchung pflegt z. B. bei Getreide zu erfolgen, wenn vier Blätter zur Ausbildung gelangt sind. Dieses Entwicklungsstadium ist im allgemeinen in etwa 3 Wochen, vom Aufgange an gerechnet, erreicht. Andere Pflanzenarten, wie z. B. Mais und Senf, sind im Sommer oft schon in 14 Tagen in dem gewünschten Stadium, Raps nach Ausbildung von sechs Laubblättern, Kartoffelpflanzen je nach der Reifezeit der betreffenden Sorten 14 bis 17 Tage nach dem Aufgange. Einzelheiten sind im folgenden Teile der Arbeit enthalten. Man bestimmt die Transpiration unter Bedingungen, die zu starker Wasserabgabe führen. Aus dem Vergleich der hierbei erhaltenen Werte der relativen Transpiration geht dann hervor, welche Maßnahmen sich am besten bewähren. Die zur Verfügung stehenden Produktionsmittel werden im Sinne dieses Vorgehens so angewendet, daß sie der Pflanze schon in ihrer Jugendentwicklung zustatten kommen. Es ist bekannt, daß das Jugendstadium für das spätere Gedeihen von entscheidender Bedeutung ist. Anbaufehler, die sich an jungen Pflanzen auswirken, sind nicht oder kaum wieder gutzumachen [ARLAND (9)]. Wenn ATANASIU (14) ausführt, daß man schon an Hand der Gewichtsermittlungen den ertragsteigernden Einfluß der Stickstoffdüngung voraussagen könne, so wurde in anderem Zusammenhange vor Beschreitung dieses Weges gewarnt [ARLAND (11)]. Auch WAHN (66) kommt auf Grund zahlreicher experimenteller Feststellungen zu dem Ergebnis, daß aus dem äußeren Erscheinungsbild der Pflanzen im Jugendstadium nicht ohne weiteres auf das Ausmaß der relativen Transpiration bzw. die Höhe des Ertrages geschlossen werden darf.

So einleuchtend die Gründe sind, die für die Erziehung der Pflanzenbestände zu geringer Transpirationsintensität sprechen, so bleibt der *Beweis* zu führen, daß die nach unserem Vorgehen bei den jungen, etwa in Schalen gezogenen Pflänzchen zur Ausprägung gebrachten Transpirationswerte einwandfrei z. B. über den Bedarf der Pflanzen an Nährstoffen Auskunft geben. Es sei in diesem Zusammenhange zunächst auf die umfangreichen Versuche verwiesen, die von uns mit zahlreichen *Böden von Dauerdüngungsversuchen* in Schalen durchgeführt worden sind. Es wurde an Hand der jeweils den Parzellen „ungedüngt" und „vollgedüngt" entnommenen Böden das Ausmaß der Wirkung von steigenden N- und K_2O-Gaben ermittelt. Die Befunde sind im einzelnen in der Schrift „Der experimentelle Nachweis der Beziehungen zwischen Wasserverbrauch und Ernährung bei Getreide" [ARLAND (8)] zur Veröffentlichung gelangt. Zusammenfassend konnte ich auf Seite 40 dieser Arbeit feststellen, „daß sich die Kalidüngung in ihrer wassersparenden Wirkung besonders bei den Jahre hindurch ungedüngten Böden bemerkbar macht. Das Ausmaß dieser Wirkung ist bei den Böden von Darmstadt, Göttingen und Köslin bei den Parzellen ‚ungedüngt' bedeutend größer als bei den Parzellen ‚gedüngt'. Das Kali kommt also um so mehr zur Auswirkung, je ärmer der Boden an diesem Nährstoff ist. Im Falle Nederling wurde bei beiden Parzellen eine etwa gleiche Abnahme der Transpirationsintensität erzielt, obwohl die Parzelle ‚ungedüngt' bedeutend ärmer an wurzellöslichem Kali war. Trotzdem ist man in der Lage, an dem Kurvenbilde zu erkennen, welche Parzellen das größere Kalibedürfnis haben. Charakteristisch ist der rasche, beinahe geradlinige Abfall der Werte bei den mit Beidüngung versehenen Pflanzen der Parzelle ‚ungedüngt'. Dieses Verhalten spricht für eine sehr starke Wirkung des Kalis auf die Transpiration. Bei den entsprechenden Pflanzen der Parzelle ‚vollgedüngt' ist der Abfall der Werte anfänglich stark und läßt dann nach; interessant ist auch das Verhalten der im Boden von Harleshausen gewachsenen Pflanzen. Sonderbarerweise ist hier der Boden der Parzelle ‚vollgedüngt' ärmer an wurzellöslichem Kali als der der Parzelle ‚ungedüngt'. Deutlich geht aus den Kurvenbildern hervor, daß die transpirationshemmende Wirkung des Kalis folgerichtig bei den Pflanzen der Parzelle ‚vollgedüngt' beträchtlich größer war als bei der Parzelle ‚ungedüngt'. Sehr

N

Wintergerste

Alter der Pflanzen 29—40 Tage

Herkunft	Boden: ungedüngt, wurzellöslich P_2O_5 (mg)	ungedüngt, wurzellöslich K_2O (mg)	ungedüngt, pH in wäßrigem Bodenauszug	ungedüngt, Beidüngung (P_2O_5 und K_2O)	ungedüngt, Relative Transpiration in abgerundeten Relativzahlen bei einer N-Gabe von 0 kg/ha	16 kg/ha	32 kg/ha	64 kg/ha	ungedüngt, Düngerbedarf kg N je ha	vollgedüngt, wurzellöslich P_2O_5 (mg)	vollgedüngt, wurzellöslich K_2O (mg)	vollgedüngt, pH in wäßrigem Bodenauszug	vollgedüngt, Beidüngung (P_2O_5 und K_2O)	vollgedüngt, Relative Transpiration in abgerundeten Relativzahlen bei einer N-Gabe von 0 kg/ha	16 kg/ha	32 kg/ha	64 kg/ha	vollgedüngt, Düngerbedarf kg N je ha
Darmstadt ...	10,3	8,1	6,4	—	100	93	*92*	102	32	7,5	13,1	5,7	—	100	*98*	100	106	16
				+	100	*93*	105	118	16				+	100	*97*	99	106	16—32
Göttingen	9,5	14,4	8,0	—	100	*93*	127	134	16	9,4	39,3	8,2	—	100	101	109	131	—
				+	100	117	131	160	—				+	100	101	116	133	—
Halle/S.	3,9	7,5	6,5	—	100	101	109	110	—	13,5	32,6	6,2	—	100	104	109	125	—
				+	100	*76*	85	91	16—32				+	100	*82*	84	88	16—32
Harleshausen .	6,5	25,5	6,8	—	100	114	127	112	—	7,5	20,8	7,3	—	100	*97*	124	125	16
				+	100	107	115	111	—				+	100	100	104	102	16
Köslin	8,6	9,3	6,7	—	100	112	133	139	—	11,2	22,2	6,3	—	100	109	127	136	—
				+	100	*92*	99	104	16—32				+	100	*97*	110	116	16
Lauchstädt ..	2,6	20,5	7,0	—	100	106	123	131	—	17,3	33,9	6,6	—	100	102	113	127	—
				+	100	*98*	102	117	16				+	100	102	109	123	—
Nederling	8,2	13,6	7,7	—	100	104	119	107	—	13,4	24,7	7,5	—	100	122	132	129	—
				+	100	102	108	120	—				+	100	108	110	125	—

K_2O

Wintergerste

Alter der Pflanzen 21—26 Tage

Herkunft	Boden: ungedüngt, wurzellöslich P_2O_5 (mg)	ungedüngt, wurzellöslich K_2O (mg)	ungedüngt, pH in wäßrigem Bodenauszug	ungedüngt, Beidüngung (N und P_2O_5)	ungedüngt, Relative Transpiration in abgerundeten Relativzahlen bei einer K_2O-Gabe von 0 kg/ha	40 kg/ha	80 kg/ha	160 kg/ha	ungedüngt, Düngerbedarf kg K_2O je ha	vollgedüngt, wurzellöslich P_2O_5 (mg)	vollgedüngt, wurzellöslich K_2O (mg)	vollgedüngt, pH in wäßrigem Bodenauszug	vollgedüngt, Beidüngung (N und P_2O_5)	vollgedüngt, Relative Transpiration in abgerundeten Relativzahlen bei einer K_2O-Gabe von 0 kg/ha	40 kg/ha	80 kg/ha	160 kg/ha	vollgedüngt, Düngerbedarf kg K_2O je ha
Darmstadt ...	10,3	8,1	6,4	—	100	81	75	*70*	160	7,5	13,1	5,7	—	100	92	85	*81*	160
				+	100	85	68	*64*	160				+	100	87	82	*72*	160
Göttingen ...	9,5	14,4	8,0	—	100	*80*	87	83	40	9,4	39,3	8,2	—	100	105	99	107	—
				+	100	90	86	*79*	160				+	100	104	99	*88*	160
Halle/S.	2,6	7,1	7,6	—	100	85	78	*77*	160	11,2	23,3	7,6	—	100	*89*	90	92	40
				+	100	95	83	*73*	160				+	100	92	78	*77*	160
Harleshausen .	6,5	25,5	6,8	—	100	82	81	*73*	160	7,5	20,8	7,3	—	100	81	82	*75*	160
				+	100	96	78	*75*	160				+	100	88	76	*66*	160
Köslin	8,6	9,3	6,7	—	100	88	80	*79*	160	11,2	22,2	6,3	—	100	*92*	92	92	40
				+	100	96	80	*68*	160				+	100	86	77	*70*	160
Lauchstädt ..	10,8	15,5	6,5	—	100	110	106	120	—	7,4	25,9	6,4	—	100	*89*	98	89	40
				+	100	97	88	*87*	160									
Nederling	8,2	13,6	7,7	—	100	71	64	*63*	160	13,4	24,7	7,5	—	100	74	65	*63*	160
				+	100	88	77	*69*	160				+	100	81	71	*70*	160

bemerkenswert ist ferner, daß das Kali in den meisten Fällen bei gleichzeitiger Beidüngung mit 32 kg N und 54 kg P_2O_5/ha in gesteigertem Maße die Transpiration einschränkte“.

Die mit steigenden N-Gaben durchgeführten Versuche brachten das Ergebnis, „daß sich bei den etwa 30—40 Tage alten Pflanzen eine wassersparende Wirkung des Stickstoffs in jenen Fällen zeigt, in denen mit N-Mangel des betreffenden Bodens zu rechnen ist. Ist allem Anschein nach genügend Stickstoff vorhanden oder sind die verabreichten Gaben zu hoch, so ergibt sich als Folge der dann vorliegenden einseitigen N-Düngung eine Steigerung des Wasserverbrauches, dem in manchen Fällen das ‚Abklingen‘ in Gestalt einer wieder einsetzenden langsamen Abnahme der Zahlenwerte folgt“. Eine Beidüngung von K_2O und P_2O_5 vermochte oft die transpirationssteigernde Wirkung einseitiger N-Gaben zu mildern oder dem Stickstoff zur Wassereinsparung zu verhelfen.

Zur Erhöhung der Übersichtlichkeit seien hier die in Betracht kommenden Versuchsergebnisse kurz zusammengefaßt wiedergegeben. Die Befunde zeigen, daß ein deutlicher Zusammenhang zwischen der Versorgung mit Pflanzennährstoffen und der relativen Transpiration besteht. Bemerkt sei, daß die von auswärts bezogenen Böden in stark getrocknetem Zustande geliefert wurden. Damit dürfte das Auftreten der besonders niedrigen N-Bedarfszahlen in Zusammenhang stehen.

Weitere Versuche hatten die Frage zum Gegenstand, ob die nach unserem Vorgehen bei den jungen, etwa in Schalen gezogenen Pflanzen zur Ausprägung gebrachten Transpirationswerte sich in entsprechendem *Ertrag der reifen Pflanzen* widerspiegeln. Es müßten doch die an Hand der jungen Pflanzen z. B. in Schalen ermittelten, geringe Transpiration bewirkenden Maßnahmen bei Anwendung an Individuen des freien Feldes zu hohem Ertrage führen. In dieser Hinsicht von ALBRECHT (2), CHARLOTTE ENZMANN, ENZMANN (20) und RUTH ZWICKER auf breiter Basis unternommene Ertragsversuche brachten das Ergebnis, daß die an Hand der Transpirationswerte der jungen Pflanzen festgestellten günstigsten Produktionsbedingungen die Ausbildung von Zellverbänden bewirken, die sich durch besonders geartete Lebensvorgänge auszeichnen und in der Ausprägung des zur Zeit höchstmöglichen Ertrages an Samen bzw. Früchten oder Knollen, also an jenen Teilen der Pflanzen gipfeln, welche die Erhaltung der Art sichern. [Vgl. auch POLSTER (48).] ALBRECHT (2) studierte die aufgezeigten Beziehungen an acht Kohlrabi-Ertragsversuchen, die vom Institut für Gartenbau der Deutschen Akademie der Landwirtschaftswissenschaften zu Berlin, Abteilung Bodenkunde, Dresden-Pillnitz, im Kreise Dresden zur Anlage gelangten.[1]) CHARLOTTE ENZMANN befaßte sich bei ihren auf den Feldern des Instituts für Tierernährung und Bodenkunde der Deutschen Akademie der Landwirtschaftswissenschaften zu Berlin, Abteilung Pflanzenbau, in Leipzig-Möckern durchgeführten mehrjährigen Versuchen insbesondere mit Getreide, ENZMANN (20) im Rahmen seiner auf den Gütern der Universität Leipzig angelegten mehrjährigen Feldversuche und der im Institut für Acker- und Pflanzenbau der Universität Leipzig eingeleiteten mehrjährigen Gefäßversuche[2]) gleichfalls besonders mit

[1]) ALBRECHT (Institut für Gartenbau in Dresden-Pillnitz) prüft derzeit, ob und inwieweit sich Beziehungen zwischen Blütenentwicklung und Transpirationsintensität nachweisen lassen. Auf Grund der bisher vorliegenden Befunde besteht ein enger Zusammenhang.

[2]) ENZMANN (20) pflegt die im Rahmen von Gefäßversuchen einzuleitenden Transpirationsmessungen an Hand von Getreidepflanzen durchzuführen, die sich im Fünf- bis Sechsblattstadium (Basalblatt + 4 bis 5 Blätter) befinden. Bei Gefäßpflanzen ist es nach seinen Erfahrungen zweckmäßig, die Transpirationsintensität bei etwas vorgeschrittenerer Entwicklung zu ermitteln, als es sonst bei Schalen- und Freilandpflanzen üblich ist.

Getreide, während RUTH ZWICKER in zwei Jahren elf Feldversuche mit Kartoffeln auf zwei Gütern der Universität Leipzig durchführte. Es wurde deutliche Tendenz im oben gekennzeichneten Sinne festgestellt [Beispiel 7 (CHARLOTTE ENZMANN), Beispiel 8 (ENZMANN), Beispiel 9 (RUTH ZWICKER), Beispiel 10, Beispiel 11]. Demnach ist erwiesen, daß es auf dem Wege der Transpirationsbestimmung möglich ist, die *Vitalität* der Pflanzen zu ermitteln, die sich im Sinne von STUBBE (60) in der Fortpflanzungsfähigkeit der Individuen, der Anzahl der erzeugten Nachkommen und deren Überlebenswahrscheinlichkeit bis zum fortpflanzungsfähigen Stadium kundgibt. STUBBE (60) führt wörtlich aus: „Denn nur ein harmonisches Gefüge aller Teile, richtige Entwicklungsgeschwindigkeit und Lebensdauer, beste Anpassung an die gegebene Umwelt, Widerstandsfähigkeit gegen Krankheiten, optimale Ausnutzung verfügbarer Nährstoffe etc. werden größte Fortpflanzungsfähigkeit und höchste Überlebenswahrscheinlichkeit einer Sippe gewährleisten".

Beispiel 7

Beziehungen zwischen der Transpirationsintensität junger Pflanzen und dem Ertrage an Körnern bei Winterweizen (Aufwuchs bei verschieden hohen Phosphorsäuregaben)

A. Allgemeine Versuchsangaben

Bodenbeschaffenheit	Sandiger Lehm (bisher unbebautes Land)	Tag der Auswertung	29. 11. 1948
Wasserkapazität	29,3 %	Alter der Pflanzen am Tage der Auswertung	34 Tage
Herkunft des Bodens	Leipzig-Möckern	Stand der Pflanzen am Tage der Auswertung	Normal
pH/KCl (bestimmt auf elektrometrischem Wege)	6,9	Durchschnittliche Länge der Pflanzen	18 cm
Phosphorsäure in wurzellösl. Form	6,0 mg	Zahl der Blätter	Basalblatt + 3
Kali in wurzellösl. Form	29,1 mg	Krankheitsbefall	—
Sättigung der Wasserkapazität	60 %	Temperatur am Tage der Auswertung im Versuchsraum im Durchschnitt	25° C
Versuchspflanze	Winterweizen (Hadmerslebener II)	Relative Luftfeuchtigkeit am Tage der Auswertung im Versuchsraum im Durchschnitt	52 %
Aussaat	22. 10. 1948		
Aufgang	26. 10. 1948		

B. Ergebnisse der Transpirationsbestimmung

Schale	Anzahl der Pflanzen	Düngung in kg/ha			Transpirierende Pflanzenmasse in		Die in 30 Minuten transpirierte Wassermenge (Welkeverlust) in g	Relative Transpiration		
		N	P_2O_5	K_2O	g	Relativzahlen		in %	p	in Relativzahlen
1	40	32	0	80	7,44	100	0,26	3,49	—	100
2	40	32	27	80	8,49	114	0,18	2,12	2,3	61
3	40	32	54	80	8,39	113	0,32	3,81	23,3	109

C. Ergebnisse der Ertragsermittlung im Feldversuch

Parzelle	Düngung in kg/ha			Kornertrag		
	N	P_2O_5	K_2O	in dz/ha	p	in Relativzahlen
1	32	0	80	15,67	—	100
2	32	27	80	19,67	< 0,1	126
3	32	54	80	14,50	0,8	93

D. Graphische Darstellung der Ergebnisse

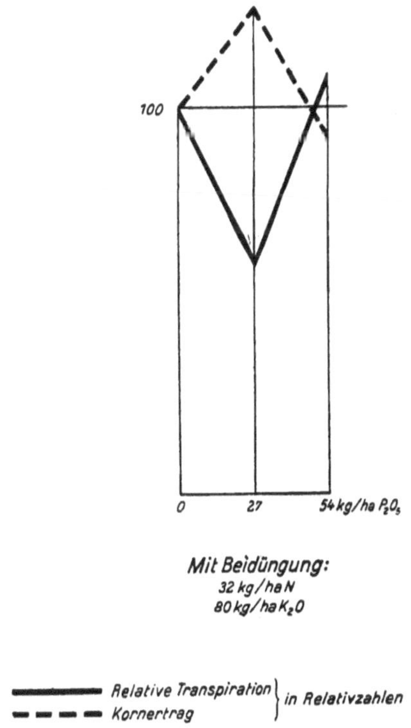

Beispiel 8

Beziehungen zwischen der Transpirationsintensität junger Pflanzen und dem Ertrage an Körnern bei Sommergerste (Aufwuchs bei verschieden hohen Kalkgaben)

A. Allgemeine Versuchsangaben

Bodenbeschaffenheit ...	Humusarmer, sandiger Lehm (bisher unbebautes Land)
Wasserkapazität	25,5%
Herkunft des Bodens ...	Leipzig-Probstheida
pH/KCl (bestimmt auf elektrometrischem Wege)	5,5
Phosphorsäure in wurzellösl. Form	1,1 mg
Kali in wurzellösl. Form	12,5 mg
Sättigung der Wasserkapazität	60%
Versuchspflanze	Sommergerste (Ackermanns Isaria)
Aussaat	21. 4. 1948
Aufgang	24. 4. 1948
Tag der Auswertung ...	18. 5. 1948
Alter der Pflanzen am Tage der Auswertung ..	24 Tage
Stand der Pflanzen am Tage der Auswertung ..	Normal
Durchschnittliche Länge der Pflanzen	29 cm
Zahl der Blätter	Basalblatt + 3
Krankheitsbefall	—
Temperatur am Tage der Auswertung im Versuchsraum im Durchschnitt ..	32° C
Relative Luftfeuchtigkeit am Tage der Auswertung im Versuchsraum im Durchschnitt	72%

Kalkbedarf des Bodens auf Grund der Methode der elektrometrischen Kurztitration 1680 kg/ha CaO
Kalkbedarf des Bodens auf Grund der Bestimmung der hydrolytischen Azidität 2940 kg/ha CaO

B. Ergebnisse der Transpirationsbestimmung

Schale	Anzahl der Pflanzen	Düngung in kg/ha				Transpirierende Pflanzenmasse in		Die in 30 Minuten transpirierte Wassermenge (Welkeverlust) in g	Relative Transpiration		
		N	P_2O_5	K_2O	CaO	g	Relativzahlen		in %	p	in Relativzahlen
1	45	32	54	80	0	32,06	100	1,45	4,52	—	100
2	45	32	54	80	200	32,06	100	1,19	3,71	4,9	82
3	45	32	54	80	400	31,58	99	1,12	3,55	3,1	79
4	45	32	54	80	800	32,98	103	1,13	3,43	4,4	76
5	45	32	54	80	1200	33,12	103	1,15	3,47	4,6	77
6	45	32	54	80	1600	33,16	103	1,25	3,77	3,4	83
7	45	32	54	80	2000	34,14	106	1,33	3,90	8,1	86

C. Ergebnisse der Ertragsermittlung im Feldversuch

Parzelle	Düngung in kg/ha				Kornertrag		
	N	P_2O_5	K_2O	CaO	in dz/ha	p	in Relativ-zahlen
1	32	54	80	0	10,5	—	100
2	32	54	80	200	12,1	9,4	115
3	32	54	80	400	12,2	5,0	116
4	32	54	80	800	12,5	4,3	119
5	32	54	80	1200	11,6	26,4	110
6	32	54	80	1600	11,0	56,6	105
7	32	54	80	2000	10,8	77,1	103

D. Graphische Darstellung der Ergebnisse

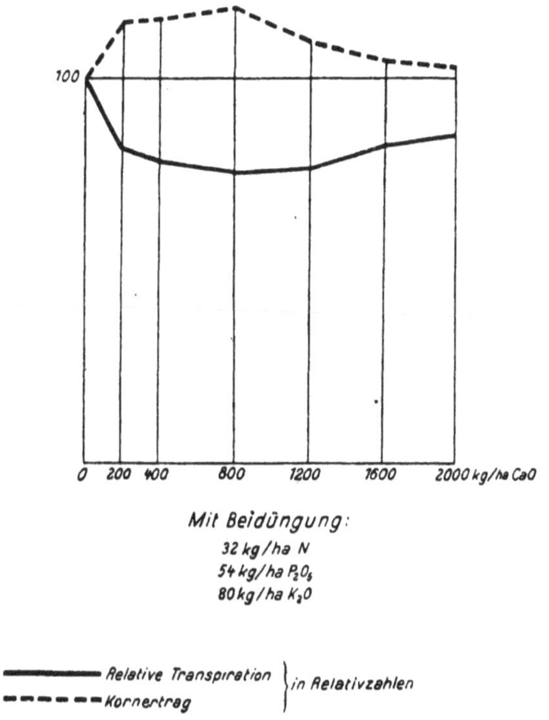

Beispiel 9

Beziehungen zwischen der Transpirationsintensität junger Pflanzen und dem Ertrage an Knollen bei Kartoffeln (Aufwuchs bei verschieden hohen Stickstoffgaben)

A. Allgemeine Versuchsangaben

Bodenbeschaffenheit ... Humusarmer, sandiger Lehm

Wasserkapazität ...... 31,8 %

Herkunft des Bodens .. Leipzig-Probstheida

pH/KCl (bestimmt auf elektrometrischem Wege) 7,0

Phosphorsäure in wurzellösl. Form .... 3,1 mg

Kali in wurzellösl. Form 26,0 mg

Sättigung der Wasserkapazität .... 60 %

Versuchspflanze .... Kartoffel (Böhms Mittelfrühe)

Aussaat 8. 5. 1949

Aufgang 19. 5. 1949

Tag der Auswertung ... 9. 6. 1949

Alter der Pflanzen am Tage der Auswertung .. 21 Tage

Stand der Pflanzen am Tage der Auswertung .. Normal

Durchschnittliche Länge der Pflanzen .... 6—20 cm

Zahl der Blätter ...... 4—6

Krankheitsbefall....... —

Temperatur am Tage der Auswertung im Versuchsraum im Durchschnitt .. 31° C

Relative Luftfeuchtigkeit am Tage der Auswertung im Versuchsraum im Durchschnitt .... 72 %

B. Ergebnisse der Transpirationsbestimmung

Schale	Anzahl der Pflanzen	Düngung in kg/ha			Transpirierende Pflanzenmasse in		Die in 30 Minuten transpirierte Wassermenge (Welkeverlust) in g	Relative Transpiration		
		N	P_2O_5	K_2O	g	Relativzahlen		in %	p	in Relativzahlen
1—4	4	0	0	0	41,95	100	1,24	2,96	—	100
5—8	4	0	54	80	42,54	101	1,31	3,08	92,5	104
9—12	4	30	54	80	71,18	170	1,71	2,40	8,3	81
13—16	4	60	54	80	94,15	224	1,64	1,74	0,4	59
17—20	4	120	54	80	164,22	391	2,61	1,59	4,9	54

C. Ergebnisse der Ertragsermittlung im Feldversuch

Parzelle	Düngung in kg/ha			Knollenertrag		
	N	P_2O_5	K_2O	in dz/ha	p	in Relativzahlen
1	0	0	0	130,4	—	100
2	0	54	80	128,6	70,6	99
3	30	54	80	137,0	27,6	105
4	60	54	80	144,5	3,5	111
5	120	54	80	147,1	1,7	113

D. Graphische Darstellung der Ergebnisse

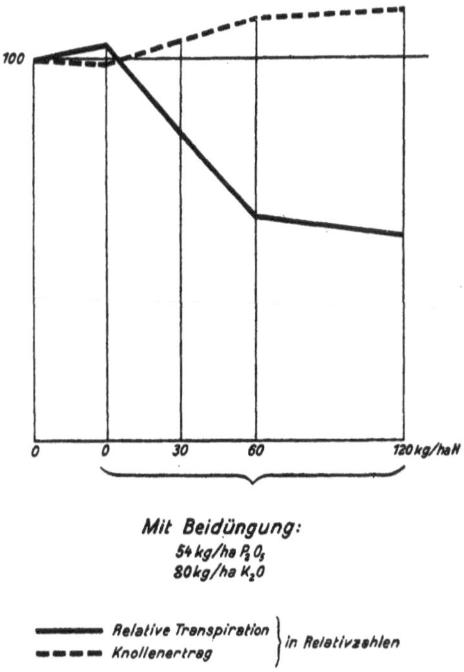

Beispiel 10

Beziehungen zwischen der Transpirationsintensität junger Pflanzen und dem Ertrage an Körnern bei Sommergerste (Aufwuchs bei verschieden gestaltetem Bodengefüge)

A. Allgemeine Versuchsangaben

Bodenbeschaffenheit ...	Schwach humoser Lehm
Wasserkapazität	52,4 %
Herkunft des Bodens ..	Zwenkau bei Leipzig
pH/KCl (bestimmt auf elektrometrischem Wege)	7,1
Phosphorsäure in wurzellösl. Form	1,6 mg
Kali in wurzellösl. Form	21,5 mg
Sättigung der Wasserkapazität	60 %
Versuchspflanze	Sommergerste (Bernburger)
Aussaat	27. 3. 1950
Aufgang	5. 4. 1950
Tag der Auswertung ...	11. 5. 1950
Alter der Pflanzen am Tage der Auswertung ..	36 Tage
Stand der Pflanzen am Tage der Auswertung ..	Normal
Durchschnittliche Länge der Pflanzen	34 cm
Zahl der Blätter	Basalblatt + 4
Krankheitsbefall.......	—
Temperatur am Tage der Auswertung im Versuchsraum im Durchschnitt .	28° C
Relative Luftfeuchtigkeit am Tage der Auswertung im Versuchsraum im Durchschnitt	73 %

B. Ergebnisse der Transpirationsbestimmung

Gefäß	Anzahl der Pflanzen	Bodengefüge	Transpirierende Pflanzenmasse in g	Transpirierende Pflanzenmasse in Relativzahlen	Die in 30 Minuten transpirierte Wassermenge (Welkeverlust) in g	Relative Transpiration in %	Relative Transpiration p	Relative Transpiration in Relativzahlen
1—2	60	locker	52,23	100	4,96	9,50	—	100
3—4	60	fest	40,30	77	4,33	10,74	$<0{,}1$	113

C. Ergebnisse der Ertragsermittlung im Gefäßversuch

Gefäß	Boden-gefüge	Kornertrag		
		in g/Gefäß	p	in Relativ-zahlen
1—3	locker	38,3	—	100
4—6	fest	31,8	<0,1	83

D. Graphische Darstellung der Ergebnisse

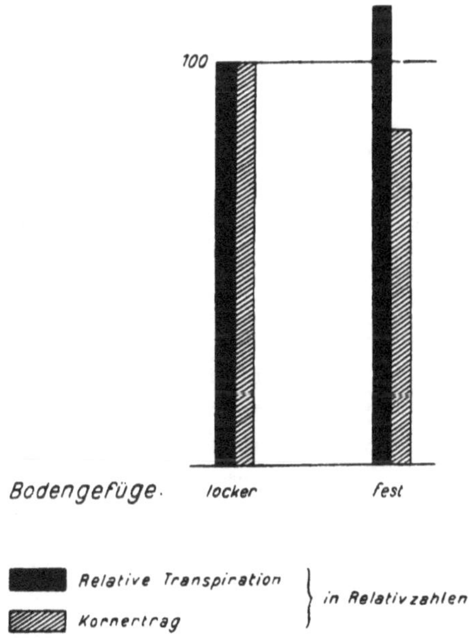

Beispiel 11

Beziehungen zwischen der Transpirationsintensität junger Pflanzen und dem Ertrage an Körnern bei Sommergerste (Aufwuchs bei verschiedenen Saattiefen)

A. Allgemeine Versuchsangaben

Bodenbeschaffenheit ...	Humoser, sandiger Lehm
Wasserkapazität	27,8%
Herkunft des Bodens ...	Oberholz bei Leipzig
pH/KCl (bestimmt auf elektrometrischem Wege)	7,1
Phosphorsäure in wurzellösl. Form	5,2 mg
Kali in wurzellösl. Form	32,2 mg
Sättigung der Wasserkapazität	60%
Versuchspflanze	Sommergerste (Bernburger)
Aussaat	30. 3. 1950
Aufgang	6. 4. bis 10. 4. 1950
Tag der Auswertung ...	15. 5. 1950
Alter der Pflanzen am Tage der Auswertung ..	39 bis 35 Tage
Stand der Pflanzen am Tage der Auswertung ..	Normal
Durchschnittliche Länge der Pflanzen	28 cm
Zahl der Blätter	Basalblatt + 5
Krankheitsbefall.......	—
Temperatur am Tage der Auswertung im Versuchsraum im Durchschnitt ..	28° C
Relative Luftfeuchtigkeit am Tage der Auswertung im Versuchsraum im Durchschnitt	73%

B. Ergebnisse der Transpirationsbestimmung

Gefäß	Anzahl der Pflanzen	Saattiefe in cm	Transpirierende Pflanzenmasse in g	Transpirierende Pflanzenmasse in Relativzahlen	Die in 30 Minuten transpirierte Wassermenge (Welkeverlust) in g	Relative Transpiration in %	Relative Transpiration p	Relative Transpiration in Relativzahlen
1	30	1	40,81	100	2,35	5,76	—	100
2	30	3	34,36	84	1,89	5,50	4,1	95
3	30	5	25,60	63	1,72	6,72	0,4	117
4	30	8	22,84	56	1,63	7,14	0,2	124

C. Ergebnisse der Ertragsermittlung im Gefäßversuch

Gefäß	Saattiefe in cm	Kornertrag		
		in g/Gefäß	p	in Relativzahlen
1—3	1	12,0	—	100
4—6	3	12,4	5,2	103
7—9	5	11,1	0,2	93
10—12	8	10,1	0,9	84

D. Graphische Darstellung der Ergebnisse

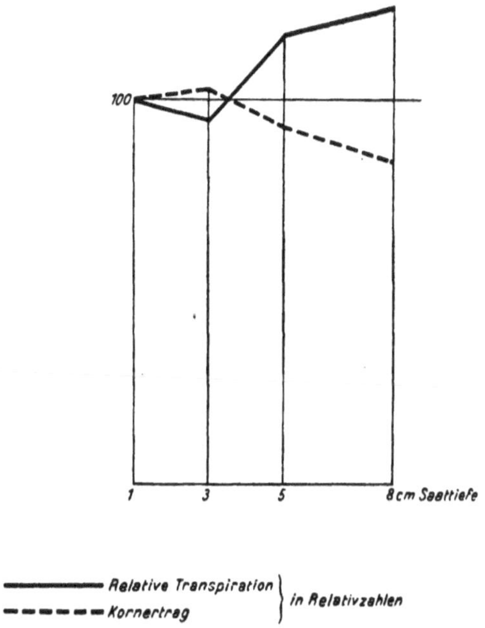

WAHN (66) unternahm es, die langjährigen Durchschnittserträge der statischen Versuche von Lauchstädt und Halle/Saale mit den Werten der relativen Transpiration zu vergleichen. Er bezweckte damit die weitgehende Ausschaltung der durch Einflüsse verschiedenster Art hervorgerufenen Schwankungen einzelner Jahre. Die Anzucht der auf ihre relative Transpiration zu prüfenden Pflanzen erfolgte auf dem im Sinne des Dauerversuchsplanes mit der jeweiligen Düngung versorgten und in Schalen gebrachten Boden der betreffenden Parzellen. Bei dem Lauchstädter statischen Versuch wurden den Werten der relativen Transpiration siebenjährige Gersten-Durchschnittserträge (1926—1950) gegenübergestellt, die sich aus den Erträgen der seit 1926 im Rahmen der Fruchtfolge jedes vierte Jahr auf der gleichen Parzellengruppe angebauten Gerste ergaben. Bei dem in Halle/Saale durchgeführten „ewigen Roggenbau" erfolgte die Gegenüberstellung dreißigjähriger Durchschnittserträge (1919—1948) mit den Werten der relativen Transpiration. Die Anfeuchtung der den Parzellen der Dauerdüngungsversuche entnommenen und in die Schalen gebrachten Böden geschah unter Zugrundelegung der Werte der wasserfassenden Kraft, die von jeder Parzelle ermittelt wurden. Als Versuchspflanze diente im Rahmen der Lauchstädter Serie die auch im statischen Versuche von Lauchstädt angebaute Sommergerstensorte „Haisa". Im Rahmen des „ewigen Roggenbaues" von Halle/Saale wurde als Versuchspflanze der auch im Feldversuche angebaute „Petkuser Roggen" verwendet. Die Auswertung erfolgte im Vierblattstadium. WAHN (66) kommt zu dem Befund, daß ein Vergleich der langjährigen Durchschnittserträge der statischen Versuche mit der relativen Transpiration der auf dem Boden der Parzellen in Schalen gewachsenen und im Vierblattstadium auf ihre Transpiration geprüften Pflanzen der gleichen Art und Sorte Beziehungen zwischen relativer Transpiration und Kornertrag erkennen läßt.

Sehr aufschlußreich sind ferner auch die Ergebnisse der umfangreichen, im Institut für Bodenkunde und Mikrobiologie der Universität Leipzig (Direktor: Prof. Dr. E. PLACHY) in den Jahren 1949—1951 durchgeführten Arbeit von EBERT (19), der sich insbesondere den Beziehungen zwischen Transpiration und Ertrag bei Getreide und Betarübe an Hand von Feld- und Gefäßversuchen widmete. Die Feldversuche gelangten in den verschiedensten Gebieten der Deutschen Demokratischen Republik zur Durchführung, während die für die Transpirationsmessungen erforderlichen Jungpflanzen bestimmter Entwicklung ebenso wie die Kulturen der Gefäßversuche in Leipzig herangezogen und ausgewertet wurden. EBERT kommt zusammenfassend zu dem Befunde, daß „die jeweils für die Prüfpflanze günstigste Düngerkombination der Nährstoffe N, P_2O_5 und K_2O von der Anwelkmethode richtig vorausgesagt" wurde. Die im Hinblick auf die bekannten Mängel des Feldversuchs zum Ansetzen gebrachten Gefäßversuche zeigten eine sehr gute spiegelbildliche Übereinstimmung zwischen der an den Jungpflanzen bestimmter Entwicklung ermittelten Transpirationsintensität und dem Ertrage. Die Erklärung für das Ausbleiben der spiegelbildlichen Beziehung zwischen Transpirationsintensität und Ertrag bei manchen Stickstoffstaffelungs-Feldversuchen findet EBERT in Besonderheiten der Art der Technik bei der Anlage und Haltung der Kulturen, die in Schalen herangezogen werden und den Transpirationsmessungen dienen. Beachtet man diese in der Folge im einzelnen in der technischen Anleitung für die Durchführung von Schalenversuchen berücksichtigten Anweisungen, dann ergibt sich auch bei Staffelungsversuchen das Spiegelbild zwischen Transpiration und Ertrag.

MAXIMOW (38) widmet in seinem im Jahre 1951 in deutscher Sprache erschienenen

Werke „Kurzes Lehrbuch der Pflanzenphysiologie“ der Bedeutung der Transpiration im Leben der Pflanze besondere Ausführungen und schreibt wörtlich: „Man darf aber nicht annehmen, daß die Pflanze für ihre normale Entwicklung die gesamte Wassermenge verbrauchen muß, die sie gewöhnlich unter ihren natürlichen Standortbedingungen verliert. Beobachtungen und Versuche zeigen, daß diese Menge das für die Pflanze unerläßliche Minimum um ein Vielfaches übersteigt und daß die Transpiration sehr häufig nicht nur ohne Schaden, sondern sogar zum Nutzen für die Pflanze wesentlich eingeschränkt werden kann.

So wird die üppigste Entwicklung der Pflanzen nicht im trockenen, sondern im feuchten Klima beobachtet; die reichste Fruchtbarkeit finden wir in den Gebieten der feuchten Tropen, wo fast jeden Tag Niederschläge fallen und die Luftfeuchtigkeit sich auf einem sehr hohen Niveau hält.[1]) Ebenso ist jedem Gärtner bekannt, daß es für das beste Wachstum der Pflanzen in den Treibhäusern nützlich ist, in diesen die Luftfeuchtigkeit auf einem möglichst hohen Niveau zu halten, was man durch häufiges Berieseln der Pflanzen selbst wie auch der gesamten Oberfläche der Wände, des Bodens und der Stellagen des Treibhauses erreicht. Auch in der Freilandkultur hat man in den letzten Jahren, neben einer genügend tiefen Anfeuchtung des Bodens mit Hilfe der Irrigation, auch die sogenannten ‚erfrischenden‘ Bewässerungen durch Beregnung angewandt, indem man auf dem Felde mit Hilfe besonderer Apparaturen Wasser verspritzt, um die Luftfeuchtigkeit zu erhöhen und die Transpiration herabzusetzen. Endlich gibt es eine ganze Reihe von Wasserpflanzen, z. B. die bekannte Elodea, Ceratophyllum, Utricularia, viele Arten von Potamogeton u. a., die in Wasser untergetaucht sind und dieses natürlich nicht verdunsten können, was aber ihre gute Entwicklung nicht behindert.“

Im Zusammenhange damit wäre auch die Auswirkung auf die *Qualität* zu berücksichtigen. Versuchsbefunde sprechen dafür, daß nur auf niedrige relative Transpiration eingestellte, mit Energie geladene, in ihren Stoffwechselvorgängen innere Ordnung und nach alledem höchstmögliche Vitalität aufweisende Pflanzen dem Menschen hochwertige Nahrung zu bieten vermögen. „Fiebernde“ Pflanzen oder Pflanzenteile sind zwangsläufig minderwertig. Wie sich ihr ständiger Genuß auf die Gesundheit oder Leistungsfähigkeit von Mensch und Tier auswirkt, wird Gegenstand besonderer Untersuchungen sein.

In der Folge sei im einzelnen ausgeführt, wie man unter Berücksichtigung der vorliegenden Erfahrungen die *kurzfristige Vorprüfung von Kulturmaßnahmen* vornehmen könnte. Als Beispiel möge die *Technik des Vorgehens bei der Bestimmung des Düngerbedarfes* zur Beschreibung gelangen.

Wir verwenden *Schalen* aus Porzellan oder aus weiß emailliertem Blech, die einen inneren Durchmesser von 24 cm und eine lichte Höhe von 6 cm aufweisen. Porzellanschalen sind schwerer als emaillierte, sie haben aber den Vorteil, daß die Bodenfläche des Gefäßes nicht nach unten durchzubiegen vermag, was bedeutet, daß in der eingefüllten Bodensubstanz unvorhergesehene Strukturveränderungen und ein Zerreißen von zarten Pflanzenwurzeln nicht eintreten können. Es empfiehlt sich, die verfügbaren Schalen jeweils so zu gruppieren, daß für je eine Serie möglichst gleiches Schalengewicht gewährleistet ist und lediglich geringe Gewichtsverschiedenheiten durch Einbringen von Kieselsteinchen auszugleichen sind, die in verdünnter Salzsäure gereinigt

[1]) Anmerkung des Verfassers: Mit zunehmender Luftfeuchtigkeit sinkt die Transpirationsintensität.

wurden. Nimmt man die erwähnte Gruppierung nicht vor, dann würden bei dem Bestreben, etwa durch Einlegen von Kieselsteinchen zu gleichem Taragewicht zu gelangen, Verschiedenheiten der Bodenlagerung herbeigeführt. Sieht man von alledem ab und bezieht man die Schalen mit dem Gewicht in die Versuche ein, das sie aufweisen, dann ist allerdings mit entsprechend größerem Zeitaufwand beim Gießen zu rechnen, da doch bei diesem Vorgehen, sofern eine Neigungswaage nicht vorhanden ist, jede Wägung das Auflegen immer anderer Gewichte bedingt. Die Kennzeichnung mit fortlaufenden Zahlen ist unter Verwendung von wasserbeständiger Farbe unmittelbar nach der oben erwähnten Gruppierung vorzunehmen, worauf die Schalen auf gleiches Gewicht gebracht werden können.

Der für die Untersuchung in Betracht zu ziehende *Boden* wird dem Felde unter Einhaltung der von THUN bzw. HERRMANN (64) herausgegebenen Richtlinien (Methodenbuch) entnommen. Die Proben werden gründlich gemischt. Sofern der Boden nicht zu feucht ist, kann die Siebung ohne weitere Trocknung vorgenommen werden. Die Verwendung von völlig ausgetrocknetem Boden ist zu vermeiden, weil man sonst Gefahr läuft, dessen Struktur zu zerstören und eine Anreicherung mit Stickstoff durch abgestorbene Mikroorganismen herbeizuführen. Durch Benutzung eines nicht zu feinen Siebes (2 mm, bei naturfeuchtem Boden 3 mm Maschenweite) bleibt die Struktur erhalten. Außerdem wird vermieden, daß wichtige organische, zum Boden gehörende Bestandteile entfernt werden. Der den einzelnen Schalen zugedachte Boden wird in Tüten gebracht, wobei auf jede eine Bodenmenge entfällt, die im allgemeinen 2800 g absolut trockener Erde entspricht. Bei sehr bindigen Böden empfiehlt es sich, auf 2100 g zuzukommen. Es ist jeweils erforderlich, den Wassergehalt des Bodens zu ermitteln und diesen zu berücksichtigen. Wir pflegen bei der Bestimmung auf zweimal 10 g lufttrockenem Boden zu fußen und die Trocknung in einem Lufttrockenschrank unter Zugrundelegung des von WIESSMANN-NEHRING (69) empfohlenen Weges derart durchzuführen, daß wir den Boden 3 Stunden lang bei 105° C erhitzen, nach einhalbstündiger, im Exsikkator vorgenommener Abkühlung wägen, erneut eine Stunde trocknen und nach abermaligem Erkalten eine weitere Wägung vornehmen. Die Gewichtsdifferenz ergibt, bezogen auf 100 g, den prozentualen Wassergehalt. Entsprechen z. B. 20 g lufttrockenem Boden 18,80 g absolut trockener Erde, dann gelangen gemäß diesem Befunde 2979 g lufttrockener Boden je Schale zur Einfüllung.

Zur Ermittlung der *Wassermenge*, die jeweils dem in die Schale gefüllten Boden zu verabreichen ist, fußt man auf den Werten der wasserfassenden Kraft (WK). Zu ihrer Ermittlung wird bei Einhaltung mindestens zweifacher Wiederholung zweckmäßig folgender Weg beschritten: Man füllt zunächst die Hälfte der Menge, die 2800 g absolut trockenem Boden entspricht — in unserem Falle die Hälfte von 2979 g lufttrockenem Boden — in ein emailliertes Vegetationsgefäß, ein sogenanntes Mitscherlich-Gefäß, dessen Bodenspalt vorher mit Fließpapier bedeckt worden ist und drückt die Erde mit einer glatten Holz- oder Metallplatte leicht an. Nach dem Andrücken der Bodenoberfläche hat eine ganz flach durchzuführende Auflockerung zu erfolgen. Dann wird die restliche Bodenmenge dazugegeben und wiederum leicht angedrückt. Durch vorsichtiges, nach und nach vorzunehmendes Überbrausen wird in dem Bestreben, die Struktur des Bodens zu erhalten, so viel Wasser verabreicht, bis dieses am Grunde des Gefäßes durch den Spalt zu tropfen beginnt. Jetzt ist der Boden voll gesättigt. Man bedeckt das Gefäß mit einer Glasplatte und läßt es vom Zeitpunkt des Durchtropfens an zwei Stunden lang stehen. Nach Ablauf dieser Frist wird das Gewicht festgestellt. Nun gibt man erneut so viel Wasser zu, bis es abermals tropft. Wiederum wird das Gefäß zwei Stunden lang stehengelassen und dann gewogen. Man wiederholt das so lange, bis das Gewicht konstant bleibt. Aus der Gewichtsdifferenz von absolut trockenem und wassergesättigtem Boden wird die WK nach folgendem Beispiel errechnet:

2800 g absolut trockener Boden (= 2979 g lufttrockener Boden) + 1000 g Tara (Gefäß samt Fließpapierstreifen und Kieselsteinchen)	= 3800 g
Gewicht nach der 1. Wasserzugabe	= 4490 g
„ „ „ 2. „	= 4530 g
„ „ „ 3. „	= 4535 g
„ „ „ 4. „	= 4535 g
	= gesättigt.

2800 g absolut trockener Boden sind demnach bei einer Wassergabe von 735 g voll gesättigt. Um die bei den Transpirationsversuchen übliche Sättigung der wasserfassenden Kraft von 60% herbeizuführen, ist eine Wassergabe von 441 g zu verabreichen.

Im Anschluß daran ist zu erwägen, welche *Fragestellung* in die Untersuchung einbezogen werden soll. Wie schon ausgeführt wurde, dürfte es oft darauf ankommen, nicht nur den Bedarf an Reinnährstoffen zu ermitteln, sondern auch die Art des Düngemittels. Handelt es sich lediglich um die Feststellung des Bedarfes an den Reinnährstoffen Stickstoff, Phosphorsäure und Kali, dann kann z. B. bei Sommergerste nach folgendem Schema vorgegangen werden:

1.	Schale	ungedüngt
2.	„	N P K
3.	„	$\frac{N}{2}$ P K
4.	„	N $\frac{P}{2}$ K
5.	„	N P $\frac{K}{2}$
6.	„	N P —
7.	„	N — K
8.	„	— P K

N	bedeutet	bei	Getreide	32 kg N/ha,
$\frac{N}{2}$	„	„	„	16 kg N/ha,
P	„	„	„	54 kg P_2O_5/ha,
$\frac{P}{2}$	„	„	„	27 kg P_2O_5/ha,
K	„	„	„	80 kg K_2O/ha,
$\frac{K}{2}$	„	„	„	40 kg K_2O/ha.

Die Errechnung der auf jede Schale entfallenden *Düngermenge* erfolgt unter Zugrundelegung der je Hektar geplanten Düngung und unter Berücksichtigung der Größe der Schalenoberfläche, wie es auch Ebert (19) auf Grund eigener Untersuchungen als richtig bestätigen konnte. Ist z. B. vorgesehen, je Hektar 32 kg Reinstickstoff in Form von 194 kg Natronsalpeter (16,5% N) zu verabreichen, dann wären unter Zugrundelegung einer Schalenoberfläche von 452,389 cm² je Schale 0,878 g Natronsalpeter (16,5% N) zu verabfolgen. Der Dünger wird zweckmäßigerweise in kleine Briefchen aus glattem, festem Papier gebracht. Anschließend wird die je Schale in Betracht kommende Menge lufttrockenen Bodens aus der Tüte in eine Mulde gegeben und gründlich mit der für die betreffende Schale bestimmten und bereits abgewogenen Düngergabe vermischt, wobei es zweckmäßig ist, den Dünger zunächst in einem kleineren Gefäß mit etwa 500 g Erde vorzumischen. Zu trockener Boden wird nach Beimengung des Düngers bei ständigem Durchrühren mit etwa 100 cm^3 destilliertem Wasser angefeuchtet, um ein gleichmäßiges Durchdringen des Bodens mit Wasser in der Schale zu erreichen.

Das *Beschicken der Schale mit Boden* erfolgt in der oben bei der Bestimmung der wasserfassenden Kraft geschilderten Art. Es wird schichtweise unter vorsichtigem, besonders am Rande der Gefäße vorzunehmendem, im übrigen gleichmäßigem Andrücken des Bodens durchgeführt, um ein Einsinken der Bodenoberfläche nach erfolgter Wasserzugabe zu vermeiden. Sehr zu beachten bleibt, daß die Oberfläche völlig eben gestaltet wird, um ungleiche Verteilung des Wassers beim Gießen und stellenweise Anhäufung bestimmter Nährstoffe zu verhindern. Hiervon hängt das Gelingen der Untersuchung in hohem Maße ab.

Gedenkt man Salze in chemisch reiner Form in *Lösung* zu verwenden, dann ist auf gründliches Einmischen in den Boden zu achten. Würde man sich insbesondere bei bindigem Boden darauf beschränken, die Lösung auf den in die Schalen eingefüllten, saatfertigen Boden zu bringen, dann wäre mit einem Festhalten bestimmter Pflanzennährstoffe in der obersten Bodenschicht zu rechnen.

Ist der Dünger in trockener oder flüssiger Form verteilt, dann werden die Schalen durch Zugabe von destilliertem Wasser auf ihr „*Sollgewicht*" gebracht, wobei in dieses im vorliegenden Falle folgende Werte einbezogen werden:

2800 g	absolut trockener Boden[1])
441 g	Wasser (60% Sättigung der WK)
500 g	Tara
3741 g	Gesamtgewicht (Sollgewicht)

Das *Anfeuchten des Bodens* hat mit ganz besonderer Sorgfalt zu geschehen. Bringt man die auf jede Schale entfallende, immerhin recht erhebliche Wassermenge auf einmal auf dem Boden aus, dann treten Wasserstauung auf der Oberfläche und Zerstörung der Struktur auf, was sich in ungleichmäßigem Auflaufen der Pflanzen äußert. Das Wasser ist unter Zuhilfenahme eines dünn ausgezogenen Glasröhrchens in steigenden Teilgaben innerhalb eines längeren Zeitraumes zuzuführen. Um das Eindringen zu erleichtern, ist der Boden, wenn erforderlich, vor dem Aufbringen des Wassers flach zu lockern. Nach der Anfeuchtung empfiehlt es sich, die Schalen mit Glasplatten zu bedecken, um ein Austrocknen der Bodenoberfläche zu vermeiden.

Geht es um die Durchführung von Mangelversuchen der oben aufgezeigten Art, dann dürfte es im allgemeinen genügen, wenn die *Beschickung der Schalen mit dem Saatgut* der Art und Sorte, das für den feldmäßigen Anbau vorgesehen ist, etwa acht Tage nach Durchführung von Düngung und Befeuchtung des Bodens erfolgt. Handelt es sich um die Verabreichung von gestaffelten und somit oft auch von *erheblichen* Düngemittelmengen oder um Kalkung, dann ist zu erwägen, das Beschicken mit Saatgut etwa erst

[1]) Es sei nochmals betont, daß es in diesem Zusammenhange um die *rechnungsmäßige* Ermittlung des Sollgewichtes geht. Wie schon oben ausgeführt wurde, ist ein völliges Austrocknen des Bodens zu vermeiden.

Abb. 11. Anwelkmethode im Laboratorium: Die Körner werden unter Zuhilfenahme einer Schablone so in den Boden gesteckt, daß der Embryo nach unten kommt

nach 14 Tagen vorzunehmen. Nachteilige Beeinflussung der Pflanzen und damit verbundene Zunahme der Transpirationsintensität wären sonst die Folge. Die Körner werden unter Zuhilfenahme einer z. B. bei *Getreide* 70 Aussparungen aufweisenden Schablone (Abb. 11) mit dem Embryo nach unten so in den Boden gesteckt, daß die Spitze in Höhe der Bodenoberfläche zu liegen kommt, worauf die Saatstellen leicht zugestrichen werden. Im Rahmen der in unserem Institut zur Durchführung gelangenden Versuche wird meist Gerste verwendet, von der bekannt ist, daß sie wegen ihrer kurzen Wachstumszeit und ihres geringen Wurzelvermögens hohe Ansprüche an den Nährstoffgehalt des Bodens stellt. Als Sorte wurde bisher die „Kalkreuther Frühe Wintergerste“ gewählt, weil sie sich spät bestockt und sich die Pflanzen daher bequem verarbeiten lassen. Neuerdings pflegen wir mehltauresistente Sommergerstensorten zu verwenden. Es liegt im Wesen der Methode, daß in gleicher Weise auch mit anderen Kulturpflanzen gearbeitet werden kann. Wie ENZMANN (20) ausführt, ist bei der Anzucht von *Mais* zu beachten, daß dieser zweckmäßig in feuchten Sägespänen vorgekeimt werden möchte. Nur dann ist die Gewähr für einen Pflanzenbestand ohne Fehlstellen gegeben. Auch sollen die leicht faulenden Maiskörner nicht in zu feuchten Boden gebracht werden. Es empfiehlt sich, die Erde bis zur Entfaltung des ersten Blattes der Maispflanze in einem Feuchtigkeitszustande zu halten, der 40%iger Sättigung der wasserfassenden Kraft entspricht. Weiterhin kann dann die Anzucht der Pflanzen bei 60% Sättigung der wasserfassenden Kraft erfolgen. Bei Pflanzenarten, die im Jugendstadium leicht unter *Schwarzbeinigkeit* leiden, ist es vorteilhaft, den Boden insbesondere in der Zeit der Keimung mit nur verhältnismäßig wenig Wasser anzufeuchten. Nach den im Institut für Pflanzenzüchtung der Universität Leipzig erzielten Erfahrungen ist es z. B. bei *Betarüben* vorteilhaft, den Boden zur Zeit der Aussaat nur so weit anzufeuchten, daß etwa eine 45%ige Sättigung der wasserfassenden Kraft gewährleistet ist. Es gereicht dabei zum Vorteil, zwei bis drei Tage nach der Aussaat auf eine 50%ige und vom vierten Tage an auf eine 60%ige Sättigung der wasserfassenden Kraft zuzukommen. Im Rahmen der mit *Kartoffeln* durchzuführenden Versuche empfiehlt es sich, je Schale eine Knolle mit einem Gewicht von etwa 60—70 g auszubringen. Im einzelnen pflegen wir so vorzugehen, daß die Knolle mit dem Kronenende nach oben in der Mitte der Schale in den Boden gelegt und mit Erde angehäufelt wird. Die Schalen gelangen im offenen *Frühbeet* unter gleichmäßigen Umweltbedingungen (nicht ungleichmäßig dem Winde ausgesetzt, ohne Beeinträchtigung durch Schatten) zur Aufstellung, selbstverständlich unter Berücksichtigung des täglich nach bestimmtem Plane vorzunehmenden Verstellens und Drehens, um Einseitigkeit in der Gunst oder Ungunst des jeweiligen Standortes, insbesondere Randwirkungen zu vermeiden. Sehr zu beachten ist, daß der Teil des Frühbeetes nicht mit Schalen beschickt wird, der erfahrungsgemäß vom Schatten der Frühbeetwand getroffen wird. WAHN (66) bediente sich bei der Anzucht seiner Kulturen sehr einfacher, von Dr. MAHLCKE, Institut für Futterbau und Kulturtechnik der Universität Halle/Saale, im Institutsgarten eingerichteter Kästen, die in ihrem Flächenausmaße etwa Frühbeeten entsprechen. Die Kästen werden an geschützter Stelle auf ebener Erde errichtet. Sie bestehen aus frühbeetfensterartig beschaffenen Seitenwänden, die an den Ecken jeweils auf Ziegelsteinen aufstehen, um den Luftzugang in den Kästen auch von unten her zu ermöglichen. Die Breite der Kästen ist so bemessen, daß bei Regen Frühbeetfenster aufgelegt werden können. Die unterschiedlichen Höhenausmaße von Vorder- und Rückwand (60 bzw. 80 cm) geben den Frühbeetfenstern etwas Neigung, die den

Wasserablauf begünstigt. Beim Aufstellen der Kästen wird darauf geachtet, daß die höhere Längswand nach der Wetterseite zu gerichtet ist. Die an der Schmalseite befindlichen Seitenwände sind derart angebracht, daß sie nach Lösen einfacher Klammern gartentürartiges Öffnen und Beschreiten der Bodenfläche auf einem in der Mitte des Kastens befindlichen schmalen Wege gestatten. Zu beiden Seiten dieses Weges kommen die Schalen auf eingeebnetem Erdboden zur Aufstellung. Allgemein ist zu beachten, daß die Anzucht der in den Schalen zum Anbau gelangenden Pflanzen unter Umweltverhältnissen vorzunehmen ist, die unter Berücksichtigung der jeweiligen Pflanzenart etwa den zur Anbauzeit z. B. im Freilande gegebenen Bedingungen entsprechen. Zeigt es sich, daß die in den Frühbeeten oder Glaskästen z. B. im Frühjahr gegebenen Temperaturverhältnisse den Anforderungen der betreffenden Kulturpflanze, wie z. B. der Kartoffel, nicht zusagen und das Wachstum hier zu langsam erfolgt, dann empfiehlt es sich, die Anzucht im Gewächshause durchzuführen, in dem die erforderlichen höheren Temperaturen geboten werden können. Erfolgt die Anzucht z. B. von Getreide bei großer Hitze etwa im Gewächshause, dann ist der Düngerbedarf viel geringer als im Frühbeete. Es kann auch vorkommen, daß die Pflanzen dann jeden mineralischen Dünger ablehnen und dies in Transpirationswerten kundtun, die höher sind als die der ungedüngten Vergleichsserie. *Im Winter* kann die Anzucht der Pflanzen im Gewächshause vorgenommen werden. Sie erfolgt hier, wenn es sich um Getreide handelt, bei etwa 10—15° C. Einwandfreier Pflanzenwuchs ist im vorliegenden Falle nur dann gewährleistet, wenn für zusätzliche Beleuchtung Sorge getragen wird. In entsprechender Zahl vorhandene und gleichmäßig in der erforderlichen Höhe über der Fläche verteilte 100-Watt-Glühbirnen werden jeweils bei Bedarf in Betrieb genommen. Wir pflegen im Winter von früh 7 Uhr bis gegen 9 Uhr zu beleuchten, um dann am Nachmittag noch vor eintretender Dunkelheit die künstlichen Lichtquellen erneut zum Einsatz zu bringen. Ab 21 Uhr herrscht wieder Dunkelheit. Das Ein- und Ausschalten soll allmählich erfolgen.

Bei der Handhabung der Schalen ist jede *Erschütterung* zu vermeiden. Wir konnten feststellen, daß sich auch geringe Erschütterungen in lang anhaltend überhöhten Transpirationswerten auswirken. Die Gefahr wird gemildert, wenn die Frühbeetfläche mit einer weichen Matte ausgelegt ist. Diese darf allerdings keinerlei Unebenheiten aufweisen, weil bei auch schon wenig schräger Lage der Schalen mit ungleicher Verteilung der Bodenfeuchtigkeit gerechnet werden muß. ALBRECHT (Pillnitz) stellt die Schalen auf je zwei genau gearbeitete Vierkantholzleisten, die auf ebener Bodenfläche ausgelegt werden. Durch Zugabe von destilliertem Wasser oder von Regenwasser werden die Schalen täglich einmal, an heißen Tagen zwei- bis dreimal, auf ihr „*Sollgewicht*" gebracht, das jeweils entsprechend der Zunahme an Pflanzenmasse zu erhöhen ist. Die *Wasserzufuhr* erfolgt von einem hochgestellten Behälter aus unter Benutzung eines pipettenähnlichen Glasröhrchens, das mit jenem durch einen Gummischlauch verbunden ist. Das Wasser wird gleichmäßig, in dünnem Strahl zugeführt. Ein Benetzen der Pflanzen ist zu vermeiden. Stellt man fest, daß die Blätter staubig geworden sind, dann wird ein kurzes Überbrausen mit entsprechend abgestandenem Wasser von Vorteil sein. Etwa sich einstellende Bodenverkrustung wird durch vorsichtig vorzunehmendes Lockern der obersten Bodenschicht unter Zuhilfenahme eines spitzen Hölzchens beseitigt. Von besonderer Wichtigkeit ist dies bei der Kartoffel. Ein Verschleppen von Düngemittelteilchen kann wohl am einfachsten durch Abspülen des Hölzchens nach jeweils abgeschlossener Lockerung des Bodens einer Schale vermieden werden. Alles Wissenswerte ist in einem

Protokoll zu vermerken, wie z. B. der Tag des Ansetzens, der Saat und des Aufganges, Krankheitsbefall, Tagestemperatur usw. Zum Schutze der im Aufgange begriffenen Kulturen vor *Vogelfraß* werden zweckmäßig mit Drahtgeflecht überspannte Holzrahmen aufgelegt. Das *Aufbringen der Frühbeetfenster* erfolgt nur bei Bedarf, bedingt etwa durch Regen.

Die *Zahl der in die Untersuchungen einzubeziehenden Pflanzen* beträgt bei Getreide 180, wenn es sich um wissenschaftliche Untersuchungen von höchster Tragweite handelt. Nachdem wir feststellen konnten, daß die so erzielten Befunde bei Beherrschung der Technik des Verfahrens auffallend gut mit den Werten übereinstimmen, die wir unter Verwendung von jeweils 120 oder auch 60 Pflanzen erlangten, pflegen wir bei Untersuchungen, die praktischen Ermittlungen dienen, oft auf 60 Pflanzen je Behandlungsart zu fußen. Die Brauchbarkeit der auf 60 Individuen fußenden Transpirationswerte wurde von Enzmann (20) und Wahn (66) bestätigt. Handelt es sich um Versuche mit Kartoffeln, dann genügt es, je Düngungsart auf zwei Schalen zuzukommen. Voraussetzung ist aber in diesem Falle, daß wirklich abbaufreies Pflanzgut vorliegt. Grundsätzlich wird je Schale eine Knolle ausgelegt.

Die *Auswertung der Serie* erfolgt bei Getreide im Vierblattstadium, wobei wir uns auch in dieser Hinsicht in voller Übereinstimmung mit Wahn (66) befinden, der ausführt, daß mit der Auswertung einer Versuchsserie so lange zu warten ist, bis sich der Ansatz zur Ausbildung des vierten Blattes auch bei den Pflanzen der Null-Schalen zeigt. Rapspflanzen gelangen nach Ausbildung von sechs Laubblättern zur Untersuchung. Erreichen bei sehr armen Böden die ohne Stickstoff belassenen Pflanzen das erforderliche Stadium trotz Zuwartens nicht, dann empfiehlt es sich, die Transpirationswerte z. B. auf die mit Volldüngung versorgten Pflanzen zu beziehen und die Individuen der Stickstoff-Mangelschalen unberücksichtigt zu lassen. Bei frühen und mittelfrühen Kartoffelsorten wird die Auswertung im Alter von 14 Tagen, bei späten 16—17 Tage nach dem Aufgange vorgenommen, vorausgesetzt, daß das Wachstum der Kartoffeln bei entsprechend optimaler Temperatur erfolgen konnte. Zeigen die Pflanzenbestände z. B. von Getreide innerhalb einer Schale Verschiedenheiten etwa im Wuchs oder in der Farbe, dann dürfen diese Schalen nicht in die Versuche einbezogen werden.

Die *Vorbereitungen* erstrecken sich darauf, daß die Schalen 3 Stunden vor Beginn der Messungen in den Untersuchungsraum gebracht werden, nachdem für vorherige entsprechende Anfeuchtung des Bodens Sorge getragen wurde. Weitere Vorbereitungsarbeiten betreffen das Bereitstellen des in der Folge erwähnten, acht oder mehr Leisten aufweisenden und mit Drahtspiralen zum Aufstellen der Pflanzen versehenen Holzrahmens sowie der Waagen und der Thermometer im Untersuchungsraum. Das bei den Messungen erforderliche Protokoll wird etwa nach folgendem Muster angefertigt:

Schale	Zeit	Anzahl der Pflanzen	1. Wägung (Gewicht in g)	2. Wägung (Gewicht in g)	3. Wägung (Gewicht der paraffinierten Pflanzenteile in g)	Zeit	Thermometer	
							trocken	feucht

Im einzelnen wird folgender Weg beschritten: Man wählt einen wenn möglich weißgestrichenen, hellen, nicht zu kleinen Raum aus, der im Hinblick auf die erstrebenswerte

Gleichmäßigkeit der Licht- und Temperaturverhältnisse mit nach Nordwesten, Norden oder Nordosten gerichteten Fenstern versehen ist. Läßt die Helligkeit, z. B. an trüben Tagen, zu wünschen übrig, dann ist schon etwa 3 Stunden vor Beginn der Messungen für zusätzliche Beleuchtung durch Inbetriebnahme von 100-Watt-Glühbirnen Sorge zu tragen, um die Pflanzen an die Lichtverhältnisse zu gewöhnen. Hierbei sind die Glühbirnen von dem erwähnten Rahmen in einer Entfernung zu halten, die gleichmäßige Beleuchtung gewährleistet, ohne Gefahr zu laufen, daß die Pflanzen ungleichmäßig erwärmt werden. Durch Hinzunahme von Heizkörpern wird ein langsames Ansteigen der Temperatur bis auf 27—30° C bewirkt. Elektrische Thermostaten gewährleisten die Konstanthaltung der Temperatur auf gewünschter Höhe. Die Pflanzen haben so die Möglichkeit, sich nach und nach an die höheren Temperaturen zu gewöhnen. Etwa um 10 Uhr vormittags kann mit den Messungen begonnen werden. Nach unseren Erfahrungen erreicht man die während der Zeit der Transpirationsbestimmung erforderliche Gleichmäßigkeit der Temperatur im ganzen Raume am besten dadurch, daß die elektrisch betriebenen Heizkörper in den Ecken zur Aufstellung gelangen. Das Paraffin ist inzwischen zur Vermeidung von Dämpfen unter Verwendung eines Wasserbades in einem anderen Raume auf die erforderliche Temperatur gebracht worden. Kurz vor Beginn der Messungen stellt man das Gefäß mit dem Paraffin samt dem Wasserbad in den Untersuchungsraum, um es dort durch vorsichtig weiter bewirktes elektrisches Heizen auf der Temperatur von etwa 55—60° C zu halten. Sobald die beiden Sachbearbeiter mit den Wägungen beginnen wollen, wird der Raum verschlossen, um jedwede Störung zu vermeiden. Zeigt es sich im Verlaufe der Arbeit, daß die Luftfeuchtigkeit stark ansteigt, dann ist für Luftaustausch in einer Art Sorge zu tragen, die eine Beeinträchtigung der fernerhin in die Messungen einzubeziehenden Pflanzen etwa durch Luftzug ausschließt. Es ist zu berücksichtigen, daß die Pflanzen in dem Verhalten der Spaltöffnungen sehr rasch auf Luftbewegung reagieren können.

Handelt es sich um Serien, bei denen je Kulturmaßnahme zwei Schalen vorgesehen sind, dann wäre bei gleichzeitigem Einbringen aller Gefäße in den Untersuchungsraum mit der Gefahr zu rechnen, daß der Boden der Wiederholungsserie wegen des dann erforderlichen längeren Verbleibens mehr austrocknet, als es bei der ersten Serie der Fall war. Wir pflegen deshalb so vorzugehen, daß die Wiederholungsserie so viel später hereingebracht wird, als es erforderlich erscheint, um den Pflanzen aller Serien eine bestimmte gleichlange Zeit der Anpassung an die Bedingungen des Transpirationsraumes zu bieten.

Die *Transpirationsbestimmung* erfolgt unter Verwendung der *Anwelkmethode.* Die Pflanzen werden dem Boden sehr behutsam unter Vermeidung von Druck oder Erschütterung entnommen (Abb. 12) und nach dem Entfernen der über die Wurzelballen hinausragenden Wurzelfasern so weit in eine Paraffinschmelze getaucht, wie sie im Boden verankert waren (Abb. 13). Es wird hierdurch erreicht, daß der mit dem Boden verbunden gewesene Teil abgedichtet und an der Abgabe von Wasser verhindert wird. Daraufhin werden die Pflanzen gewogen (Abb. 14) und anschließend im allgemeinen 30 Minuten lang auf dem oben erwähnten Rahmen unter Zuhilfenahme von Drahtspiralen sorgfältig frei aufgestellt (Abb. 15). Eine zweite Wägung (Abb. 16) ergibt dann die in 30 Minuten transpirierte Wassermenge, die absolute Transpiration. Wird diese auf 100 g grüne Masse bezogen, dann erhält man die relative Transpiration. Der Rahmen ist so zu stellen, daß die darauf befindlichen Pflanzen möglichst gleichen Bedingungen ausgesetzt sind. Man erreicht dies, wenn die Leisten dem Fenster zu gerichtet sind. Das von dort einfallende Licht wirkt sich dann auf alle Versuchsserien gleichmäßig aus. Eine direkte Sonnenbestrahlung ist unbedingt zu vermeiden.

Wir pflegen in die Auswertung nur solche Individuen einzubeziehen, die in ihrer Entwicklung einwandfrei sind. Auffallend große, insbesondere am Rande in Erscheinung tretende Pflanzen gelangen nicht zur Untersuchung. Die Entnahme erfolgt sektorenweise und nicht, wie man vielleicht annehmen könnte, in konzentrischen Kreisen. Handelt es sich um *Getreide*, dann entnimmt man mit einem kleinen Messer oder Löffel jeweils z. B. 20 Pflanzen derart, daß das Korn noch mit erhalten bleibt. Anschließend schneidet man die feinen Würzelchen ab. ENZMANN (20) führt aus, daß ein mit Hilfe eines Messers im Boden unter den Körnern geführter Schrägschnitt ein leichteres und schnelleres Herausheben der Pflanzen ermöglicht und das Entfernen der Würzelchen mit der Schere erspart. Hierauf werden die Teile, die mit dem Boden verbunden waren, in die Paraffinschmelze von etwa 55—60° C getaucht. Damit erreicht man, daß nur die oberirdischen Teile frei zu transpirieren vermögen. Zweckmäßig fügt man dem Paraffin etwas Sudanrot hinzu, um bei dem später erfolgenden Abschneiden der paraffinierten Teile die Grenze gut erkennen zu können. Die entnommenen 20 Pflanzen werden nach dem Paraffinieren gemeinsam auf eine chemisch-technische Waage oder auf eine Präzisions-Zeigerwaage mit Öldämpfung gebracht, auf zwei Dezimalstellen genau gewogen (1. Wägung) und anschließend in die Drahtspiralen des oben erwähnten Holzrahmens gestellt. In dieser Weise arbeitet man weiter, bis aus allen Schalen je 20 Pflanzen entnommen sind und das Rahmengestell voll besetzt ist. Dabei wird jeweils nach einer Wägung die Zeit sowie zu Beginn einer Serie (8 × 20 Individuen) die Temperatur des trockenen und feuchten Thermometers notiert. Nach 30 Minuten — vom Zeitpunkt der 1. Wägung an gerechnet — werden die Pflanzen abermals gewogen (2. Wägung). Anschließend sind die paraffinierten Teile abzuschneiden und zu wiegen (3. Wägung). So gelangen schließlich die in Betracht gezogenen 3 × 20 Individuen einer jeden Schale zur Untersuchung. Um eine unerwünschte Zunahme der Luftfeuchtigkeit im Raume zu vermeiden, ist zu veranlassen, daß die jeweils von Pflanzen befreiten Schalen zugedeckt werden, damit nicht Feuchtigkeit aus dem Boden entweicht. Ergänzend sei hinzugefügt, daß nach Ermittlungen von ENZMANN und ALBRECHT das beschriebene Vorgehen der nacheinander erfolgenden Entnahme von 20 Pflanzen je Schale zwar zu guten Befunden führt, die „Streuung“ der Werte jedoch geringer ist, wenn die 3 mal 20 Getreidepflanzen jeder Schale hintereinander in die Untersuchungen einbezogen werden. Hierdurch vermeidet man, daß die Schalen nach Entnahme der 20 Pflanzen eine gewisse Zeit mit aufgebrochenem Boden stärkerer Bodenwasserabgabe ausgesetzt sind.

Die Differenz der bei der 1. (Abb. 14) und 2. Wägung (Abb. 16) ermittelten Gewichte zeigt im vorliegenden Falle die Menge des von den 20 Pflanzen transpirierten Wassers auf. Die Differenz der bei der 1. (Abb. 14) und 3. Wägung (Abb. 17) festgestellten Gewichte ergibt das Gewicht der transpirierenden Pflanzenmasse, auf die die transpirierte Wassermenge zu beziehen ist, wenn man die je 100 g Pflanzenmasse transpirierte Wassermenge, die relative Transpiration, berechnen will. Auf die gleiche Weise werden die entsprechenden Werte für die übrigen, der jeweiligen Schale entnommenen zwei Serien zu je 20 Pflanzen ermittelt. Den endgültigen Schalenwert erhält man durch Berechnung des arithmetischen Mittels aus den Zahlen für die relative Transpiration der *Einzelserien*, wie E. RÖHLIG in Kürze ausführlich darlegen wird.

Abb. 12. Anwelkmethode im Laboratorium: Die Pflanzen werden dem Boden entnommen

Abb. 13. Anwelkmethode im Laboratorium: Wurzelhals und verbleibende Wurzelreste werden so tief in eine Paraffinschmelze getaucht, wie die Pflanze im Boden verankert war

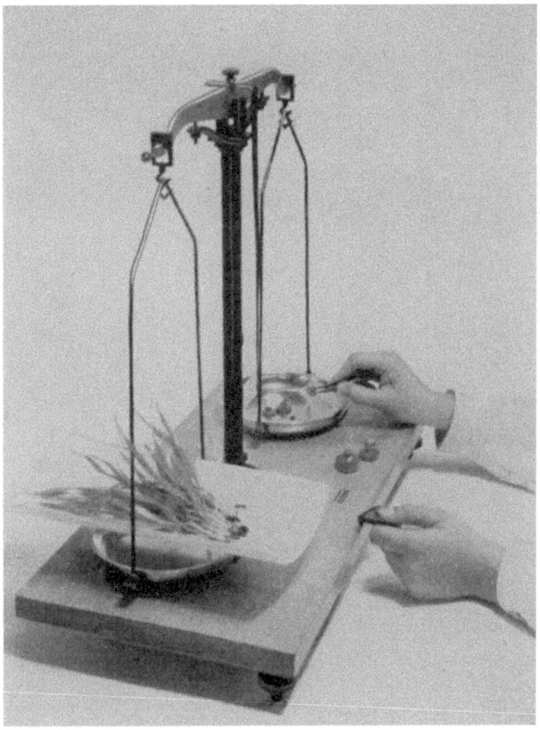

Abb. 14. Anwelkmethode im Laboratorium: Das Gewicht der Pflanzen wird ermittelt (1. Wägung)

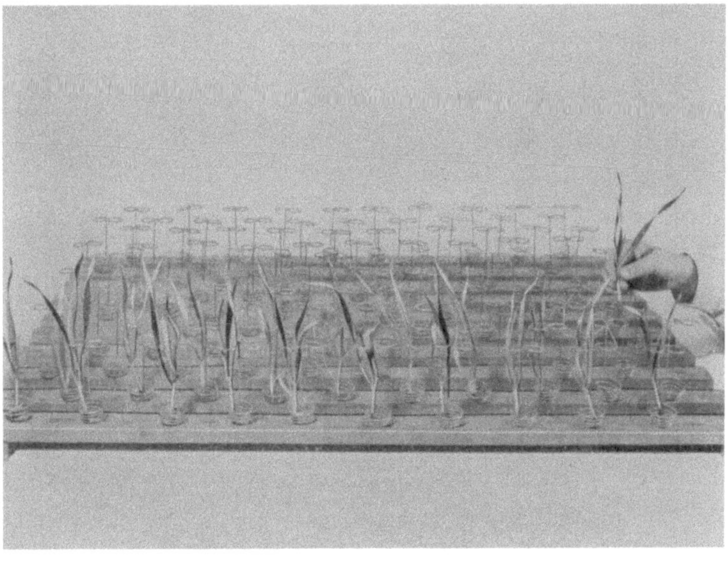

Abb. 15. Anwelkmethode im Laboratorium: Die Pflanzen gelangen zur Aufstellung. Je „Kulturmaßnahme" wird eine Leiste eines mehrteiligen Rahmens mit Pflanzen beschickt

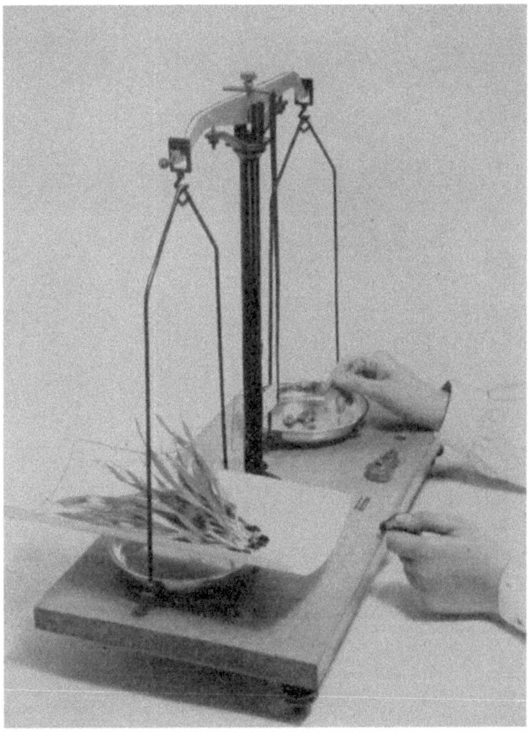

Abb. 16. Anwelkmethode im Laboratorium: Nach Ablauf von 30 Minuten wird das Gewicht der Pflanzen erneut festgestellt (2. Wägung)

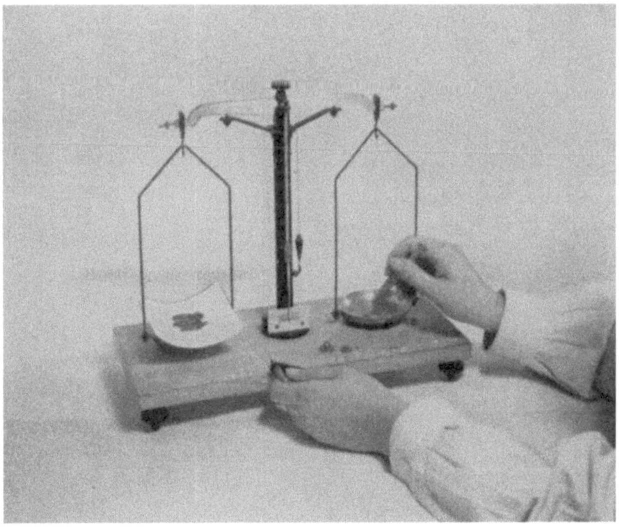

Abb. 17. Anwelkmethode im Laboratorium: Nach Durchführung der 2. Wägung werden die paraffinierten Wurzelteile abgeschnitten und gewogen (3. Wägung)

Wie wir des öfteren feststellen konnten, bleiben Pflanzen, die z. B. im Rahmen von Stickstoff-Staffelungs- oder Mangelversuchen auf besonders stickstoffarmem Substrat ohne Stickstoff gezogen werden, im Wachstum zurück. Sie pflegen weniger Blätter als die mit diesem Nährstoff versorgten Individuen aufzuweisen, befinden sich aber in vorgeschrittenerem Entwicklungsstadium. Ihr Gewicht pflegt im Vergleich zu dem der mit Stickstoff gedüngten Pflanzen auffallend niedrig zu sein. Ihre Transpirationswerte sind wegen der dann stärker ausgeprägten Verholzung des Gewebes unverhältnismäßig gering. Ein Vergleich der Transpirationswerte der mit Stickstoff versehenen Pflanzen mit den ungedüngten oder ohne Stickstoff belassenen würde zu Trugschlüssen führen. Daraus folgt, daß es in solchen Fällen nicht statthaft ist, die Transpirationswerte der ungedüngt gelassenen Pflanzen als Bezugsquelle zu wählen. Man bezieht in Übereinstimmung mit EBERT (19) zweckmäßigerweise auf die vollgedüngten und läßt die ohne Stickstoff gezogenen Individuen unberücksichtigt.

Die Transpirationsbestimmung wird am besten von zwei Personen durchgeführt (Abb. 18). Die eine entnimmt die Pflanzen, entfernt die Würzelchen und paraffiniert die Teile, die im Boden waren. Ferner übernimmt sie das Abschneiden und Wiegen der paraffinierten Teile (3. Wägung). Die andere führt die 1. und 2. Wägung durch, stellt die Pflanzen auf, betreut das Protokoll und liest Zeit und Thermometerstand ab. Zwei Personen sind in der Lage, innerhalb von 2 Stunden die Pflanzen von acht Schalen zu untersuchen. Eine Erleichterung der Arbeit kann dadurch herbeigeführt werden, daß den beiden Sachbearbeitern statt einer zwei Waagen zur Verfügung stehen. Eine sehr bedeutende Steigerung der Leistung wird erzielt, wenn die von der Firma PAUL POLIKEIT (Inhaber H. HÖHING), Halle/Saale, Universitätsring 8, in Zusammenarbeit mit Dr. J. ENZMANN konstruierte Aufstell- und Wägevorrichtung Anwendung findet. Diese zeichnet sich vor allem auch dadurch aus, daß die Pflanzen nach dem Paraffinieren in besonderen kleinen Rahmen zur Aufstellung gelangen und, in diesen verbleibend, allen weiteren Wägungen unterworfen werden. Abgesehen davon, daß hierdurch das im Rahmen der Transpirationsbestimmung unerwünschte öftere Berühren der Pflanzen unterbleibt, bedingt die durch dieses Vorgehen erreichte Verkürzung der für die Versuchsserien erforderlichen Zeit geringeren Einfluß der Umweltfaktoren, insbesondere des täglichen Transpirationsrhythmus der Pflanzen. Die Genauigkeit der Ergebnisse wird dadurch erhöht. Dieses Vorgehen entspricht auch ganz den Erfahrungen, die WAHN (66) erkennen läßt, wenn er sagt, daß die Geschlossenheit einer Versuchsanstellung durch eine zeitlich möglichst naheliegende Auswertung zusammengehöriger oder miteinander zu vergleichender Gefäße bzw. Schalen gewahrt bleiben soll. Ein Versuch darf nur so viele mit Pflanzen beschickte Schalen umfassen, wie mit Sorgfalt in der zur Verfügung stehenden Zeit von jeweils 30 bzw. 60 Minuten zur Auswertung gelangen können. Erweist es sich als notwendig, umfangreichere Versuche anzusetzen, dann ist eine Aufteilung in der Art vorzunehmen, daß jeder Teilserie eine oder mehrere Standardschalen beigegeben werden, deren Pflanzen bei der Verrechnung der Werte jeweils den Bezugspunkt liefern. Dr. J. ENZMANN gedenkt in Kürze in der Zeitschrift „Die Deutsche Landwirtschaft“ ausführlich über die nach Vorliegen der neuen Waage sich nun ergebenden weiteren Möglichkeiten zu berichten. In der gleichen Zeitschrift wird eine andere Aufstell- und Wägevorrichtung zur Beschreibung gelangen, die K. BRÜCKNER im Rahmen der im Sortenamt für Nutzpflanzen/Zweigstelle Leipzig (Leiter: Prof. Dr. E. F. HEEGER) an Hand von Heilpflanzen zur Durchführung gebrachten Arbeiten konstruiert hat.

Sehr zu empfehlen ist es vor allem bei noch nicht voller Beherrschung der Technik, sich nach Durchführung eines Transpirationsversuches von der Art der Übereinstimmung der Ergebnisse zu überzeugen, die von den jeweils eine Serie umfassenden Individuen stammen. Dies geschieht zweckmäßigerweise so, daß man die z. B. von je 20 jungen Getreidepflanzen erzielten Werte der relativen Transpiration errechnet und graphisch darstellt. Der Vergleich zeigt dann auf, ob die Übereinstimmung gegeben ist oder ob Unstimmigkeiten vorhanden sind.

Im übrigen ist es ratsam, sich vor Inangriffnahme der eigentlichen Untersuchungen zu überzeugen, ob die Gewähr für einwandfreie Handhabung der Anzucht und für sachgemäße Untersuchung der Pflanzen besteht. Man geht hierbei am besten so vor, daß man zur Selbstkontrolle an verschiedenen Stellen der Frühbeetanlage (Abb. 19) nach gleichem Plane Versuche ansetzt. Die dort in Schalen gezogenen und in bestimmter Weise gedüngten Pflanzen werden bei Erreichung des erforderlichen Entwicklungsstadiums auf ihre Transpirationsintensität hin untersucht. Bei einwandfreiem Vorgehen ergibt sich in jedem Falle derselbe Kurvenverlauf.

Abb. 18. Anwelkmethode im Laboratorium: Zwei Sachbearbeiterinnen bei der Durchführung von Transpirationsbestimmungen an in Schalen gezogenen Pflanzen

Abb. 19. Teilansicht der Transpirationsversuchsanlage des Instituts für Acker- und Pflanzenbau der Universität Leipzig. Im Vordergrund Frühbeete mit heranwachsenden Pflanzen. Das langgestreckte niedrige Gebäude enthält die Räume, in denen die Transpirationsmessungen durchgeführt werden

WAHN (66) betont mit ganz besonderem Nachdruck, daß nur eine gründliche Kenntnis der Technik der Anwelkmethode in Verbindung mit sorgfältigster Arbeitsweise unter Schaffung gleichmäßiger Verhältnisse und Bedingungen für sämtliche Pflanzen zu wirklich brauchbaren Werten der Transpirationsbestimmung führen kann.

Die Art der *Auswertung der Ergebnisse* kann wohl am besten an Hand von Beispiel 12 erläutert werden, das die Bestimmung des Düngerbedarfes zum Gegenstand hat und in der Folge geschildert werden soll. Auffallend ist die überraschend günstige Auswirkung der $N \frac{P}{2} K$-Gabe. Sie bewirkt eine Senkung der relativen Transpiration um 38%: Das bedeutet, daß die auf dem vorliegenden Feld zum Anbau gelangende Sommergerste mit 32 kg N, 27 kg P_2O_5 und 80 kg K_2O zu versorgen wäre.

Beispiel 12

Bestimmung des Düngerbedarfs von Sommergerste, die auf humusarmem Lehmboden zum Anbau gelangen soll

A. Allgemeine Versuchsangaben

Bodenbeschaffenheit ...	Humusarmer Lehm	Tag der Auswertung ...	4. 4. 1951
Wasserkapazität	46,0%	Alter der Pflanzen am Tage der Auswertung ..	19 Tage
Herkunft des Bodens ...	Gundorf bei Leipzig	Stand der Pflanzen am Tage der Auswertung ..	Normal
pH/KCl (bestimmt auf elektrometrischem Wege)	6,8	Durchschnittliche Länge der Pflanzen	22 cm
Phosphorsäure in wurzellösl. Form	6,4 mg	Zahl der Blätter	Basalblatt + 3
Kali in wurzellösl. Form	25,2 mg	Krankheitsbefall.......	—
Sättigung der Wasserkapazität	60%	Temperatur am Tage der Auswertung im Versuchsraum im Durchschnitt ..	28° C
Versuchspflanze	Sommergerste (Ackermanns Isaria)	Relative Luftfeuchtigkeit am Tage der Auswertung im Versuchsraum im Durchschnitt	70%
Aussaat	12. 3. 1951		
Aufgang..............	16. 3. 1951		

B. Ergebnisse der Transpirationsbestimmung

Schale	Anzahl der Pflanzen	Düngung in kg/ha			Transpirierende Pflanzenmasse in		Die in 30 Minuten transpirierte Wassermenge (Welkeverlust) in g	Relative Transpiration		
		N	P_2O_5	K_2O	g	Relativzahlen		in %	p	in Relativzahlen
1	60	0	0	0	12,73	100	1,97	15,48	—	100
2	60	32	54	80	20,76	163	2,30	11,08	0,1	72
3	60	16	54	80	18,18	143	2,13	11,72	0,3	76
4	60	32	27	80	22,78	179	2,20	9,66	$<0,1$	62
5	60	32	54	40	23,82	187	3,12	13,10	0,6	85
6	60	32	54	0	22,48	177	3,20	14,23	2,8	92
7	60	32	0	80	21,74	171	2,61	12,01	0,3	78
8	60	0	54	80	12,49	98	1,90	15,21	92,5	98

C. Graphische Darstellung der Ergebnisse

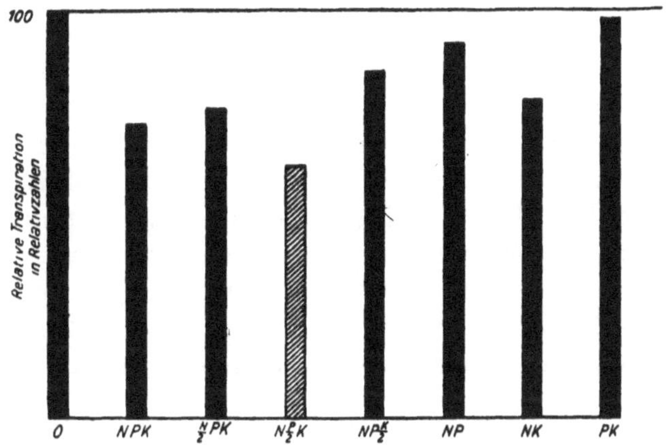

Beabsichtigt man, die *kurzfristige Vorprüfung von Kulturmaßnahmen* im Hinblick auf die *Ermittlung der jeweils besten Bodenbearbeitungsmaßnahmen* vorzunehmen, dann wäre zu erwägen, im Sinne des von ALBRECHT (1) eingeschlagenen Weges auf die Verwendung von Bodensäulen zuzukommen, die leicht in Dimensionen bis zu 15 und mehr cm Durchmesser und 40 und mehr cm Tiefe aus gewachsenem Boden gewonnen werden können. Die durch mehrmaliges Eintauchen in eine Paraffinschmelze von einem harten Paraffinmantel umgebenen und so gut zu handhabenden Bodenzylinder würden in die Untersuchungen einbezogen. Manche blieben in dem Strukturzustand, der in gewachsenem Boden vorliegt. Andere unterlägen je nach Bedarf Bearbeitungsmaßnahmen in der Krume oder auch in bestimmten Horizonten des Untergrundes, worauf man die Zylinder zur gegebenen Zeit mit der Pflanzenart beschicken würde, deren Kultur auf dem betreffenden Felde vorgesehen ist. Die Anfeuchtung hätte entweder in Entsprechung einer 40-, 60- und 80%igen Sättigung der wasserfassenden Kraft der Ackerkrume oder im Sinne ALBRECHTS in Entsprechung der in der betreffenden Gegend herrschenden Niederschlagshöhe zu erfolgen. Die Pflanzen würden in dem bekannten, jeweils einzuhaltenden Entwicklungsstadium auf ihre Transpirationsintensität zu prüfen sein.

Die *kurzfristige Vorprüfung von Kulturmaßnahmen im Freilande* wäre an sich an Hand von Parzellen durchzuführen, die, wie oben beschrieben, zuchtgartenmäßig angelegt und immer unkrautfrei gehalten werden möchten. WAHN (66) hat recht, wenn er einwendet, daß bei der Anzucht von Pflanzen im Freilande nur ein kleiner Teil des Feldstückes erfaßt wird. Er fügt hinzu, daß z. B. bei der Ermittlung des Düngerbedarfs nur die vorschriftsmäßige Entnahme von Bodenproben mit nachfolgender gründlicher Durchmischung den annähernden Durchschnitt eines zu untersuchenden Ackerstückes wiedergibt.

Um zu erkunden, ob die durch die verschiedenen Düngungs- bzw. Behandlungsarten hervorgerufenen und festgestellten Unterschiede in der Höhe der relativen Transpiration außerhalb der Fehlergrenzen liegen, werden *Fehlerberechnungen* nach der indirekten Differenzmethode bzw. bei vorhandener Zeitvarianz nach der direkten Differenzmethode durchgeführt. Nicht selten zeigte es sich, daß insbesondere *geringe* Unterschiede in den Transpirationswerten ungesichert sein können, obwohl die am Schluß der Vegetationsperiode ermittelten Ertragszahlen erkennen lassen, daß die Unterschiede gesichert sind. Nach MUDRA (44) gilt jede Differenz als gesichert, deren p-Wert kleiner ist als 5. Der Sicherheitsgrad einer Differenz verhält sich relativ umgekehrt proportional zu der Größe des p-Wertes. WAHN (66) führt unter eingehender Begründung aus, daß „die Berechnung des durchschnittlichen Fehlers des Mittels (m%) der einzelnen Werte der relativen Transpiration" einen objektiven Maßstab für die Brauchbarkeit der Versuchsergebnisse darstellt. Auch wir vertreten die Ansicht, daß durch dieses Vorgehen die Genauigkeit der Versuchsergebnisse erfaßt wird. Leider erstreckt sich dieser Weg nicht zugleich auch auf den Sicherheitsgrad der Differenzen zwischen den einzelnen Versuchsgliedern.

Fußt man bei der Planung und Durchführung der Anbaumaßnahmen auf den in der geschilderten Weise erzielten Befunden, dann werden die Pflanzenbestände schon in dem für das spätere Gedeihen so besonders wichtigen Jugendstadium über Zellen und Gewebe verfügen, die auf *ökonomische Ausnutzung der Wasservorräte*, auf *Energiespeicherung* und höchstmögliche *Vitalität* eingestellt sind. Anzustreben wäre, die oben im einzelnen beschriebene kurzfristige Vorprüfung der Kulturmaßnahmen im Dorfe selbst durchzuführen.

Die Ausführungen haben gezeigt, daß es *nicht nur möglich* erscheint, *den Transpirationsstrom in seinen Ausmaßen zu regulieren,* sondern daß es die *Pflicht des Menschen* ist, *bei den ihm anvertrauten und wehrlos den zufällig vorliegenden Wachstumsbedingungen ausgesetzten Pflanzen auf die Intensität dieses Stromes Einfluß zu nehmen.* Es ist untragbar, daß die Kulturen sehr oft durch falsche Maßnahmen zwangsläufig zu hoher Transpirationsintensität und damit zu geringer Ertragssicherheit und geringer Ertragshöhe gebracht werden. „Fiebernde“ Pflanzen versagen im Ertrage. Wir ernten nur einen Teil des theoretisch Erreichbaren. Groß sind die Möglichkeiten, die zum Fortschritt führen, wenn der Anbauer, nicht wie es jetzt meist der Fall ist, lediglich auf den im Laufe der Zeit erzielten Erfahrungen fußt, sondern die Pflanzen seiner Bestände nach kurzfristiger Vorprüfung der Kulturmaßnahmen dahin bringt, daß bei geringstmöglichem Aufwand an Produktionsmitteln höchstmögliche Erträge gewährleistet sind. Möge Prof. ROEMER (50) recht behalten, wenn er sagt, daß die zweite Hälfte dieses Jahrhunderts im Zeichen der Wasserwirtschaft stehen wird.

Ich möchte mit Worten schließen, die SAMSON-HIMMELSTJERNA (53) in seinem Werke „Die Wasserwirtschaft als Voraussetzung und Bedingung für Kultur und Friede“ geprägt hat. Diese lauten: „Ohne Übergang zu rationeller Wasserwirtschaft, ohne dauernd selbständige Befriedigung der materiellen Bedürfnisse würde es vergeblich bleiben, friedliche und glückliche Zustände anzustreben.“

In Dankbarkeit sei auch in diesem Zusammenhange der großzügigen Förderung gedacht, die der Arbeit von seiten der Sächsischen Akademie der Wissenschaften, von der Staatlichen Plankommission der Deutschen Demokratischen Republik (Zentralamt für Forschung und Technik), vom Staatssekretariat für Hochschulwesen der Deutschen Demokratischen Republik und von der Universität Leipzig zuteil geworden ist. Nicht zuletzt danke ich meinen Mitarbeitern, die durch exakte Anlage der Versuche sowie durch genaueste Messungen die Voraussetzung für das Gelingen der Arbeit schufen.

Literatur

1. ALBRECHT, D.: Verbesserung der Spatendiagnose. Neue Geräte und Verfahren zur schnelleren und sicheren Ausführung der Gareprüfung im Sinne GÖRBINGS. Die Deutsche Landwirtschaft **2**, 41—43, 1951

2. ALBRECHT, D.: Agrobiologie und Bodenuntersuchung. Die Deutsche Landwirtschaft **2**, 470—474, 1951

3. ARLAND, A.: Das Problem des Wasserhaushaltes bei landwirtschaftlichen Kulturpflanzen in kritisch-experimenteller Betrachtung. Wissenschaftliches Archiv für Landwirtschaft (Abt. A Pflanzenbau) **1**, 1—160, 1929

4. ARLAND, A.: Das Wasserhaushaltproblem bei landwirtschaftlichen Kulturpflanzen in kritisch-experimenteller Betrachtung. Wissenschaftliches Archiv für Landwirtschaft (Abt. A Pflanzenbau) **2**, 423—433, 1929

5. ARLAND, A.: Zur Methodik der Transpirationsbestimmung am Standort. Berichte der Deutschen Botanischen Gesellschaft **47**, 474—479, 1929

6. ARLAND, A.: Krankheitsbefall, Anfälligkeit, Pflanzenernährung und Winterfestigkeit in ihren Beziehungen untereinander und zur Transpiration. Wissenschaftliches Archiv für Landwirtschaft (Abt. A Pflanzenbau) **7**, 79—125, 1931

7. ARLAND, A.: Die Beurteilung des Düngerbedürfnisses des Bodens nach dem Transpirationsvermögen der Pflanzen. Zeitschrift für Pflanzenernährung, Düngung und Bodenkunde A **28**, 172—206, 1933

8. ARLAND, A.: Der experimentelle Nachweis der Beziehungen zwischen Wasserverbrauch und Ernährung bei Getreide. Berlin: Parey 1936

9. ARLAND, A.: Acker- und pflanzenbauliche Kulturmaßnahmen in neuem Blickfelde. Die Deutsche Landwirtschaft **1**, 145—152, 1947

10. ARLAND, A.: Kurzfristige Vorprüfung von Kulturmaßnahmen nach neuem Verfahren. Die Deutsche Landwirtschaft **3**, 81—85, 1949

11. ARLAND, A.: Entgegnung auf Dr. N. ATANASIU: ‹Die „Anwelkmethode" kritisch betrachtet›. Die Deutsche Landwirtschaft **4**, 13—16, 1950

12. ARLAND, A.: Saat- und Pflanzgutbeurteilung, Saat- und Pflegemaßnahmen im Blickfelde der Anwelkmethode. Die Deutsche Landwirtschaft **1**, 66—69, 1950

13. ARLAND, A.: Die Anwendung von Mineraldünger im Blickfelde der „Anwelkmethode". Die Deutsche Landwirtschaft **3**, 409—412, 1952

14. ATANASIU, N.: Die „Anwelkmethode" kritisch betrachtet. Die Deutsche Landwirtschaft **4**, 11—13, 1950

15. BAUMANN, H.: Wetter und Ernteertrag. Schriftenreihe „Der Freie Bauer" **19**, 1949

16. BOSE, J. CH.: Die Physiologie des Saftsteigens. Jena: Fischer 1925

17. CHRISTIANSEN-WENIGER, F.: Gefäßversuche mit hitzeempfindlichen und hitzeresistenten Getreidearten im sommerheißen Steppenklima unter besonderer Berücksichtigung des Wasserverbrauchs und der Wasserleistung. — Festschrift zum 80. Geburtstag von O. LEMMERMANN. Zeitschrift für Pflanzenernährung, Düngung, Bodenkunde **46** (**91**), 18—60, 1949

18. Crafts, A. S., H. B. Currier and C. R. Stocking: Water in the physiology of plants. Waltham, Mass. USA., publ. by the Chronica Botanica Company, 1949

19. Ebert, D.: Ein Beitrag zur Bestimmung des Nährstoffbedarfs mittels der Anwelkmethode. Leipzig, Diss. 1952

20. Enzmann, J.: Der Einfluß des Kalkes auf die relative Transpiration der Gerste. Leipzig, Diss. 1951

21. Freckmann, W., und H. Baumann: Zu den Grundfragen des Wasserhaushalts im Boden und seiner Erforschung (II. Teil). Bodenkunde und Pflanzenernährung **7** (52), 129—161, 1938

22. Gäumann, E.: Über die pflanzliche Transpiration. 1. Die kutikulare Transpiration. Zeitschrift für Botanik **38**, 225—327, 1942/1943

23. Gäumann, E., und O. Jaag: Der Einfluß des Windes auf die pflanzliche Transpiration I. Berichte der Schweizer Botanischen Gesellschaft **49**, 178—238, 1939

24. Gäumann, E., und O. Jaag: Der Einfluß des Windes auf die pflanzliche Transpiration II. Berichte der Schweizer Botanischen Gesellschaft **49**, 555—626, 1939

25. Gordienko, M.: Zusammenhänge zwischen den Wasser- und Luftverhältnissen im Boden und Überwinterung der Winterkulturen. (Referat.) Die Deutsche Landwirtschaft **2**, 107—108, 1951

26. Grote, R.: Untersuchungen über einige Fragen des Wasserhaushalts von Hafersorten. Journal für Landwirtschaft **79**, 323—363, 1931

27. Guttenberg, H. v.: Lehrbuch der Allgemeinen Botanik. Berlin: Akademie-Verlag, 1951

28. ГЕНКЕЛЬ, П. А.: Устойчивость растений к засухе и пути ее повышения. Москва, Ленинград: Издательство Академии Наук СССР 1946 г.

29. ГЕНКЕЛЬ, П. А., и С. С. КОЛОТОВА: О предпосевной закалке растений к засухе в условиях вегетационного опыта. Изв. Пермского биологич. научн.-исслед. ин-та. т. IX, вып. 1-3, 1930

30. Kahl, H.: Über den Einfluß von Schüttelbewegungen auf Struktur und Funktion des pflanzlichen Plasmas. Darmstadt, Diss. 1944

31. Kaho, H.: Zur Physiologie der Kartoffel. 1. Über die Permeabilität des Knollengewebes der vitalen und der abbaukranken Kartoffeln. Phytopathologische Zeitschrift **8**, 157—164, 1935

32. Kaho, H.: Das Verhalten der Eiweißstoffe gesunder und abbaukranker Kartoffelknollen gegen Salze. Mitteilungen der phytopathologischen Versuchsstation der Universität Tartu, Nr. 31, 1935

33. Kunath, A.: Der Wasserverbrauch der Gerste und seine Beeinflussung durch verschiedene Ernährung. Wissenschaftliches Archiv für Landwirtschaft (Abt. A Pflanzenbau) **6**, 597—637, 1931

34. Liebscher, G.: Untersuchungen über die Bestimmung des Düngerbedürfnisses der Ackerböden und Kulturpflanzen. Journal für Landwirtschaft **43**, 49—216, 1895

35. Livingston, B. E.: The resistance offered by leaves to transpirational water loss. Johns Hopkins Univ. Circ. **242**, 1912

36. Luther, H.: Das Problem des Wasserhaushalts (Ein Vergleich der „Anwelk"- mit der „Wägungs"-Methode). Königsberg, Diss. 1932

37. Lyssenko, T. D., und F. S. Stepanenko: Die Jarowisation der landwirtschaftlichen Kulturpflanzen. Berlin: Kultur und Fortschritt 1950

38. Maximow, N. A.: Kurzes Lehrbuch der Pflanzenphysiologie. Berlin: Kultur und Fortschritt 1951

39. Menzel, O.: Jarowisation und Transpiration bei Winterweizen, Wintergerste und Winterraps. Die Deutsche Landwirtschaft, Sonderheft „Jarowisation", 1952

40. MICHAEL, G.: Über Eiweißstruktur und ihre Bedeutung für physiologische Prozesse. — Festschrift zum 80. Geburtstag von O. LEMMERMANN. Zeitschrift für Pflanzenernährung, Düngung, Bodenkunde **47** (92), 205—213, 1949

41. MITSCHERLICH, E. A., und H. BEUTELSPACHER: Untersuchungen über den Wasserverbrauch verschiedener Kulturpflanzen und den Wasserhaushalt des natürlich gelagerten Bodens. Bodenkunde und Pflanzenernährung **9/10** (54/55), 337—395, 1938

42. MOLISCH, H.: Pflanzenphysiologie als Theorie der Gärtnerei. Jena: Fischer 1918

43. MOTHES, K.: Zur Kenntnis des N-Stoffwechsels höherer Pflanzen. 3. Beitrag (unter besonderer Berücksichtigung des Blattalters und des Wasserhaushaltes). Planta **12**, 686—731, 1931

44. MUDRA, A.: Anleitungen zur Durchführung und Auswertung von Feldversuchen nach neueren Methoden. Leipzig: Hirzel 1949

45. PETERHÄNSEL, H.: Experimentelle Untersuchungen über die Beziehungen zwischen Bodenfeuchtigkeit und Wasserverbrauch der Pflanzen. Botanisches Archiv **36**, 99—151, 1934

46. PFEFFER, W.: Pflanzenphysiologie. 2. Aufl., Bd. 1, Leipzig: Engelmann 1897 und 1904

47. PHILIPP, W.: Transpirationsversuche mit Betarüben im Laboratorium und Freiland. Wissenschaftliches Archiv für Landwirtschaft (Abt. A Pflanzenbau) **8**, 70—120, 1931

48. POLSTER, H.: Kritische Bemerkungen zu Arlands „Kurzfristige Vorprüfung von Kulturmaßnahmen nach einem neuen Verfahren". Die Deutsche Landwirtschaft **2**, 96—99, 1951

49. REISS, G.: Die Weiterentwicklung der „Anwelkmethode" und ihre Verwendung zur Beantwortung von Sorten- und Düngungsfragen. Wissenschaftliches Archiv für Landwirtschaft (Abt. A Pflanzenbau) **5**, 247—303, 1930/1931

50. ROEMER, TH.: Erhaltung der Bodenfruchtbarkeit als Problem gesamtdeutscher Landwirtschaft. Mitteilungen der Deutschen Landwirtschafts-Gesellschaft **7**, 232—235, 1950

51. ROEMER, TH., und F. SCHEFFER: Lehrbuch des Ackerbaues. 3. Aufl., Berlin, Hamburg: Parey 1949

52. SACHS, J.: Über den Einfluß der chemischen und physikalischen Beschaffenheit des Bodens auf die Transpiration der Pflanzen. Die Landwirtschaftlichen Versuchsstationen **1**, 203—240, 1859

53. SAMSON-HIMMELSTJERNA, H. v.: Die Wasserwirtschaft als Voraussetzung und Bedingung für Kultur und Friede. Neudamm: Neumann 1903

54. SCHMALFUSS, K.: Beobachtungen über Wasserhaushalt und Wasserverbrauch von kalimangelndem Hafer. Zeitschrift für Pflanzenernährung, Düngung und Bodenkunde A **33**, 28—38, 1934

55. SCHMIDT, H., K. DIWALD und O. STOCKER: Plasmatische Untersuchungen an dürreempfindlichen und dürreresistenten Sorten landwirtschaftlicher Kulturpflanzen. Planta **31**, 559—596, 1940/1941

56. SEELHORST, C. v.: Über den Wasserverbrauch der Haferpflanze bei verschiedenem Wassergehalt und bei verschiedener Düngung des Bodens. Journal für Landwirtschaft **47**, 369—378, 1899

57. SORAUER, P.: Studien über das Wasserbedürfnis unserer Getreidearten. Allgemeine Brauer- und Hopfenzeitung **22**, 147—149, 1882

58. STOCKER, O., S. REHM und H. SCHMIDT: Der Wasser- und Assimilationshaushalt dürreresistenter und dürreempfindlicher Sorten landwirtschaftlicher Kulturpflanzen. I. Hafer, Gerste und Weizen. Jahrbücher für wissenschaftliche Botanik **91**, 1—53, 1943

59. STOCKER, O., S. REHM und H. SCHMIDT: Der Wasser- und Assimilationshaushalt dürreresistenter und dürreempfindlicher Sorten landwirtschaftlicher Kulturpflanzen. II. Zuckerrüben. Jahrbücher für wissenschaftliche Botanik **91**, 278—330, 1943

60. STUBBE, H.: Über den Selektionswert von Mutanten. Sitzungsberichte der Deutschen Akademie der Wissenschaften zu Berlin, Klasse für landwirtschaftliche Wissenschaften, Nr. 1, 1950

61. TAMM, E.: Über Beziehungen zwischen Witterungsverlauf und Ertragsleistung bei landwirtschaftlichen Kulturpflanzen im Land Brandenburg. — 2. Beitrag: Sommer- und Wintergetreide. Zeitschrift für Acker- und Pflanzenbau **92**, 100—124, 1950

62. TAMM, E.: Über Beziehungen zwischen Witterungsverlauf und Ertragsleistung bei landwirtschaftlichen Kulturpflanzen im Land Brandenburg. — 3. Beitrag: Hackfrüchte. Zeitschrift für Acker- und Pflanzenbau **92**, 450—465, 1950

63. THOMAS, A.: Studien über den Wasserhaushalt des Hafers. Botanisches Archiv **21**, 293—343, 1928

64. THUN, R.: Die Untersuchung von Böden. Neubearbeitet von R. Herrmann. 2. Aufl. Radebeul, Berlin: Neumann 1949

65. TORNAU, O., und K. MEYER: Vergleichende Untersuchungen über die Leistungsfähigkeit zweier Hafersorten bei steigenden Stickstoffgaben und verschiedener Bodenfeuchtigkeit. Journal für Landwirtschaft **79**, 155—189, 1931

66. WAHN, W.: Kritische Studien zur „Anwelkmethode". Halle, Diss. 1951

67. WALTER, H.: Grundlagen des Pflanzenlebens und ihre Bedeutung für den Menschen. 3. Aufl. Stuttgart, z. Z. Ludwigsburg: Ulmer 1950

68. WERMANN, H.: Untersuchungen über den Wasserverbrauch von Winterweizensorten mittels der „Anwelkmethode". Wissenschaftliches Archiv für Landwirtschaft (Abt. A Pflanzenbau) **10**, 31—71, 1933

69. WIESSMANN, H.: Agrikulturchemisches Praktikum. Neubearbeitet von K. NEHRING. 2. Aufl. Berlin: Parey 1951

70. ZADE, A.: Neue Untersuchungen über den Wasserhaushalt der Kulturpflanzen. Arbeiten der Leipziger ökonomischen Sozietät 1930